鮎

なわばり争いをするアユ
友釣りはアユのこの性質を利用した独特の釣法　安芸川　10月

コケをはむアユ。唇を強く石にこすりつける　安田川　5月

群れアユ。なわばりアユに特徴的な胸の黄色みはほとんどなく、くすんだように見える
奈半利川　5月

婚姻色を身にまとった産卵期のアユ。オスの体側は黒く、ひれはオレンジや黄色に輝く
安田川　11月

産卵期のアユは昼間は流れの緩い淵やトロで群れを作って休む
新荘川　12月

日没が近くなると、産卵場となる瀬にたくさんのアユが集結する　新荘川　12月

産卵の瞬間。産卵をするメス（口を開けた個体）の後方には食卵のためにアユが集まる
奈半利川　11月
体が水面から出るような浅瀬でも、最後の力を振り絞って産卵する
仁淀川　11月（撮影：島崎裕之）

天然アユを増やすために漁協、市民、釣り人らが協働で産卵場を造成した
日野川　10月

ふ化直後の仔アユは、体長はわずか6mmで透明。
目をこらさないと見つからない貴重な写真　物部川　11月

アユの子の群れを波打ち際で発見!　体色は透明に近く、保護色となっている
土佐市竜の浜　1月

遡上中の稚アユに見られる摂餌行動。群れて砂地をはむ
新荘川　3月

強い流れにもまれながら懸命に遡上する稚アユ　安芸川　4月

父から子へ、友釣りの伝承。天然アユを釣ることができる自然が失われつつある
仁淀川　9月

天然アユの本

高橋勇夫＋東 健作

築地書館

フィールドからのアユ学。

「アユという魚を知れば知るほど、
その柔軟性に驚かされる。
そして、このような柔軟性こそが
アユの最大の強みであるように
思えてならない。」（本書より）

はじめに

拙著『ここまでわかった　アユの本』が出版されて、順調に版を重ねて10年が経過しました。さまざまなご意見やご感想をいただいたことに、心からお礼申し上げます。

今、改めて読み返してみると、10年前は「確からしい」と思っていたことがその後の調査や研究から、「あまり確かではなかったようだ」に変わったことがあります（すみません）。一方で、アユに関わる多くの研究者の努力で、アユの生態に関する新しい知見がたくさん積み上げられてきましたし、体系的にも整理されてきました。

私の方でも、この10年ほどの間に延べ1000日以上、北海道から九州まで、いろいろな川に潜ってアユを観察しました。北海道のアユは、見た目も本土のアユとはかなり異なるところがあり、これまで自分が抱いていたアユのイメージが変わってきました。アユに地域差があるというのは、頭では何となくわかっていても、実際に自分の目で見なければやはりわからないものです。

北陸の九頭竜川はいつ行ってもアユで溢れていました。地元の方が「少ない」と言われる年でも、中下流域に潜ってみるとアユだらけです。全国的に天然アユが減っている中で、信じがたいような光景でした。でもアユが多い割には釣れないようです。なぜなのか？　この理由もこの10年間で分かってきたことの一つです。

北陸の河川が好調な一方で、西日本の多くの河川は不漁に悩まされています。特に中国地方と九州地方の落ち込みには厳しいものがあります。根底には天然遡上が減ったことがあるのですが、それに加えて放流の効果が２０００年頃から明らかに低下してきたことが追い打ちをかけています。

私の方にも調査の依頼が多くなり、各地の河川で原因を調べてきました。川によって違いはあるのですが、やはり河川環境の悪化が大きな要因で、様々な形でアユが棲みにくくなっています。10年前にはほとんどなかったようなことが頻繁に観察されるようになりました。このことについては本書で詳細に解説しています。急激に変化している河川の現状と、それに振り回されつつも、時にはたくましく生きているアユの姿をお伝えします。

この10年の間には、私にとって、とてもショッキングなことがいくつかありました。２つほど紹介しましょう。

一つは、日本の河川環境の安全レベルを「危機的な状態」と厳しく評価したアジア開発銀行の報告書です。水の安全度に関わるこの評価によると、日本の河川環境は中国やベトナムと同レベル（5点満点で2点）で、河川生態系の保全ができていないことが低評価の理由となっています。確かにそう評価されても仕方がないと思える現実を日本各地で見てきました。これほどにも簡単に生き物の命が奪われてしまうのかという悲しい現実です。生き物たちに申し訳ないのは、そのことを関係者も住民も知らないというか、ほとんど関心がないことです。この問題は本書が伝えなければならないことの一つです。

二つめは、長良川の天然遡上アユが準絶滅危惧種に指定されたことです。人とアユとの関係がとても深い長良川でさえ、こんな状態になってしまったのです。このことについても本書の中で考えてみました。

アユとは切っても切れない漁協をとりまく状況も、大きく変化しました。10年前には危機感を抱きながらも変革の息吹を感じていたのですが、10年経った今、変化できないままに高齢化は進み、「限界集落」化しつつあります。漁協の主業務であったアユの放流は、その効果が著しく低下したこともあって、運営が厳しくなり、あきらめムードさえ漂い始めています。今後、誰が漁場やアユ資源の管理を担うのか、真剣に考えなければならない時が迫っています。

暗い話が続いてしまいましたが、本書で紹介したいのはそんなことばかりではありません。明るい話もたくさん登場します。

その一つが多摩川で起きた爆発的な天然アユの増加です。かつて「死の川」と呼ばれた都市河川での出来事だけにインパクト十分です。アユが増えたのは、多摩川だけではありません。手前味噌になりますが、高知県の奈半利川では科学的なデータを積み上げることで、天然アユを増やすことに成功しました。ここで得られた知見と技術は、他の河川でも役に立つはずです。

都市河川を中心に、市民レベルでアユを増やす活動もますます盛んになっています。そこでは多くの若い人たちが参加して、これまでとはまったく違う発想や手法で川やアユに関わろうとしています。その中からは「地域づくり」という視点での成功例も出てきました。

さらに、アユの社会的な価値の評価（見直し）もこの10年間で進んだ事柄の一つです。ちょっと驚くほどの高い評価なのです。でも、私たちはなかなかそのことを実感できません。なぜでしょう？その理由にも少しふれています。


左の写真を見てください。最近撮ったアユの写真です。このアユ、怒っているように見えませんか？気のせいではありません。本当に怒っているのです。何に対してか？　もちろんあまりにも身勝手な人間のふるまいに対してです。私が気がついたのはアユだけですが、他の生き物たちもきっと怒っています。

本書を読んでいただければ、アユがなぜ怒っているのかご理解いただけるはずです。そのうえで、どうしたら良いのか？　その答えを見出すヒントはたぶん本書の中にあります。あとは皆さんに考えていただき、行動していただくしかありません。

このように、思い返せば私にとっては激動とも言える10年でした。

川やアユを取り巻く情勢が大きく変化したことから、「アユの本」の修正の必要性を感じていたところ、思いがけず、築地書館の土井二郎さんから改訂のお奨めをいただきました。「この際に」という思いもあって、大幅に改訂しました。それに伴って本のタイトルも少し変わりました。

書き手としての力不足は相変わらずなのですが、人と、川やアユとの関係をより良いものにしたいという思いだけは強く持って執筆しました。

アユという身近な魚をもっと理解するために、本書が少しでもお役に立てば幸いです。

２０１６年２月

高橋勇夫

目次

はじめに　i
アユの一生　xiii
アユがわかる用語解説　xvii

第1章　アユの四季

夏

1　アユにとって「なわばり」とは何か？　4
2　なわばりアユと群れアユの戦い？　12
3　カワウにおびえるアユ　16
4　アユも避暑をする――土用隠れ　22
5　アユのストレスと冷水病　25
6　アユと釣り人が水をきれいにする――川の掃除屋　29

秋

1 まだ謎の多いアユの降下行動 34
2 産卵場はどこにできるのか？ 37
3 知っておきたい落ち鮎漁の話 40
4 卵を食べるアユ 43
5 6ミリの生き残り戦略――海に下るアユ 46

冬

1 アユは海のどこにいるのか？ 50
2 どうやって浅所へ移動するのか？ 53
3 稚魚の群れ 62
4 海で何を食べているのか？ 65
5 波打ち際でのアユの生活 67
6 海での分布と広がり――川を離れた仔アユの行方 78
7 海での生き残りと遡上量 87
8 和歌山の漁師さんとの出会い 90

9　河口域での最近の研究から　94
10　わずか1年の寿命なのに、ふ化期間はなぜ長い？　104

春

1　どうやって上るべき川を見つけるのか？　108
2　生まれた川に帰る？　111
3　変態するアユ　118
4　遡上にまつわる誤解　122
5　遡上を急ぐアユと急がないアユ　126
6　なぜ川を上るのか？　130
7　どこまで上るのか？　132

第2章　変化する川とアユ

1　危機に瀕する、日本の川の生態系　140
2　川の濁りがひどくなった　143

3 伏流する水が少なくなった 148
4 漁場を診断する 151
5 大量に存在する「上れない魚道」 158
6 海にたどり着けない仔アユたち 163
7 魚に配慮することの難しさ 168
8 ダム湖でたくましく生きるアユ 171
9 ダムのある川 180

第3章 アユの放流と漁協

1 放流種苗の種類と特性を知る 186
2 放流された湖産アユの運命 189
3 ベストなアユの密度とは？ 193
4 種苗放流の功罪 197
5 放流だけではアユは増えない 201
6 放流の意味を考える 205

7 天然アユは誰のもの？ 208
8 変わる漁協、変われない漁協 211
9 漁協の新しい役割 215

第4章 天然アユを増やすには？

1 アユの経済価値 222
2 天然アユが減った川、増えた川 225
3 「川が荒廃するとアユがいなくなる」の誤解 232
4 天然アユとダム 235
5 アユにとって大切な産卵場 238
6 アユを捕りながら増やす方法 241
7 産卵場を造ることの難しさ 245
8 産卵場づくりの落とし穴 248
9 海にいるアユを守るために 253
10 天然アユは流域の共有財産 258

コラム1　赤石川のまぼろしのアユ「金アユ」　21
コラム2　誕生日を調べる（耳石の話）　61
コラム3　潜水観察秘話　117
コラム4　差しもどしアユ　137
コラム5　川の味を評価する利き鮎会　167
コラム6　変な付着物の正体は？　183
コラム7　昭和30年代の川の姿　231
コラム8　市民参加型の魚道改良　261

おわりに　262
専門用語解説　266
参考文献　277
索引　279

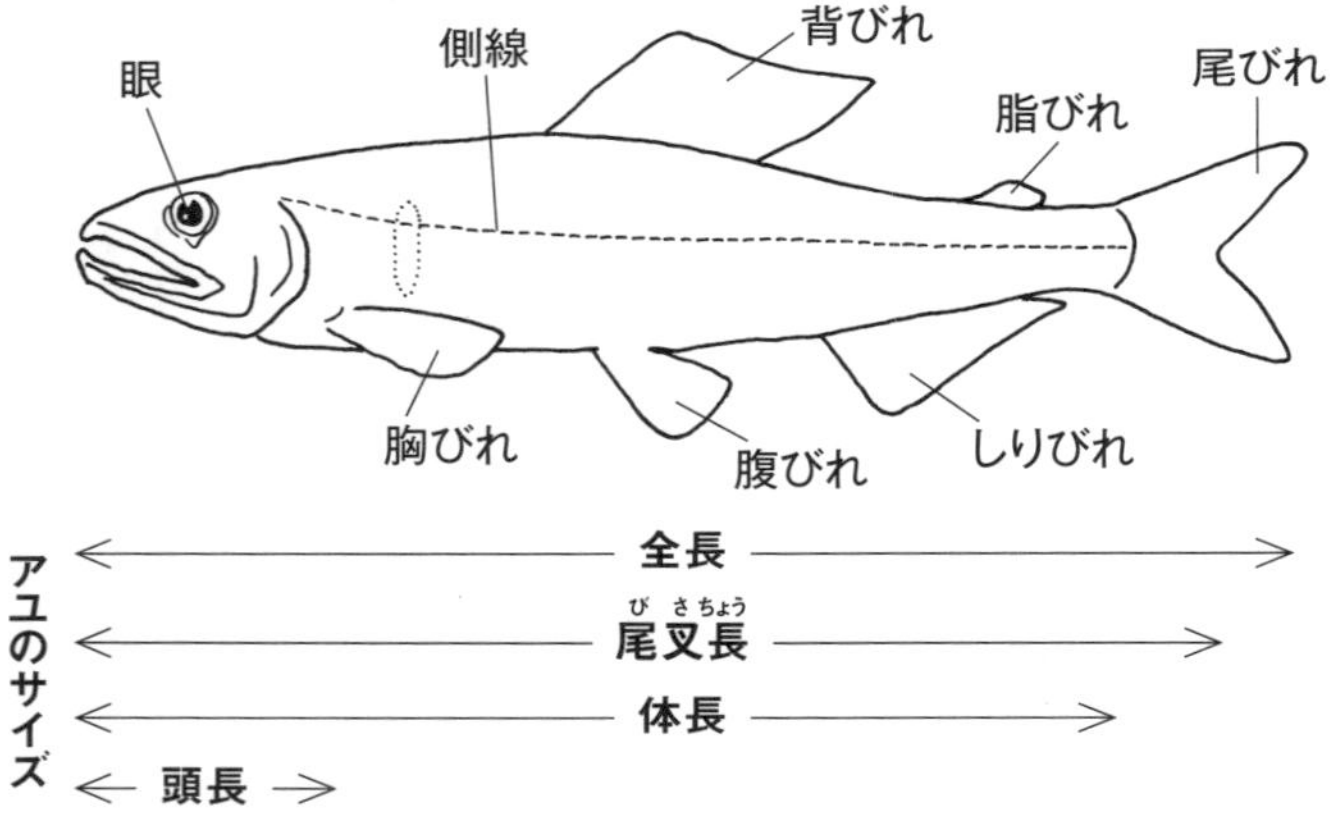

アユ

Plecoglossus altivelis altivelis

サケ目アユ科の淡水魚。日本列島、朝鮮半島、中国大陸東部に分布。琉球列島には亜種であるリュウキュウアユが生息する。全長20〜30cm。体は紡錘形で背びれの後ろに脂《あぶら》びれを持つ。体色は背側がオリーブグリーン、腹側は銀白色。胸びれの上部や、えら蓋、ひれの縁辺が黄色みを帯びる。スイカのような香りがある。秋、河川の下流で産卵。ふ化した仔アユは海に下り、プランクトンを食べて成長する。春になると河川に遡上し、藻類を食べて成長する。寿命はふつう1年であるが、まれに2年生きる個体もいる。

アユの一生

アユの分布域は東アジア（日本列島、朝鮮半島、中国大陸）で、その中心は日本列島である。石についた藻類（コケ）を主食にしているため、藻類が育つ環境——水がきれいで、川底に藻類が付きやすい石がある——が必要となる。こういった条件は日本の川に特徴的に見られるもので、黄河や長江のように長大な下流域を持つ大陸の大河川にはない特徴である。

そう考えると、アユとは、まさに日本の風土と川に適応した魚ということができる。

アユは1年という短い一生のうちに海と川を行き来する回遊魚でもある。川に棲んでいる春から秋の暮らしぶりは一般の人にもよく知られているが、その前半生である海での生活についてはあまり知られていない。年魚であるアユの生活史を高知県を例にとって簡単にまとめると次ページの図のようになる（地域によって時期が少し異なる）。

①遡上期

アユの遡上は高知県では普通2月中・下旬頃から始まり、3月中旬〜4月中旬頃が最も活発となる。遡上はアユ漁が解禁となった6月も続いている。

遡上する上限は遡上量が多い年には上流へと広がり、少ない年にはあまり上らない傾向がある。ま

アユの一生

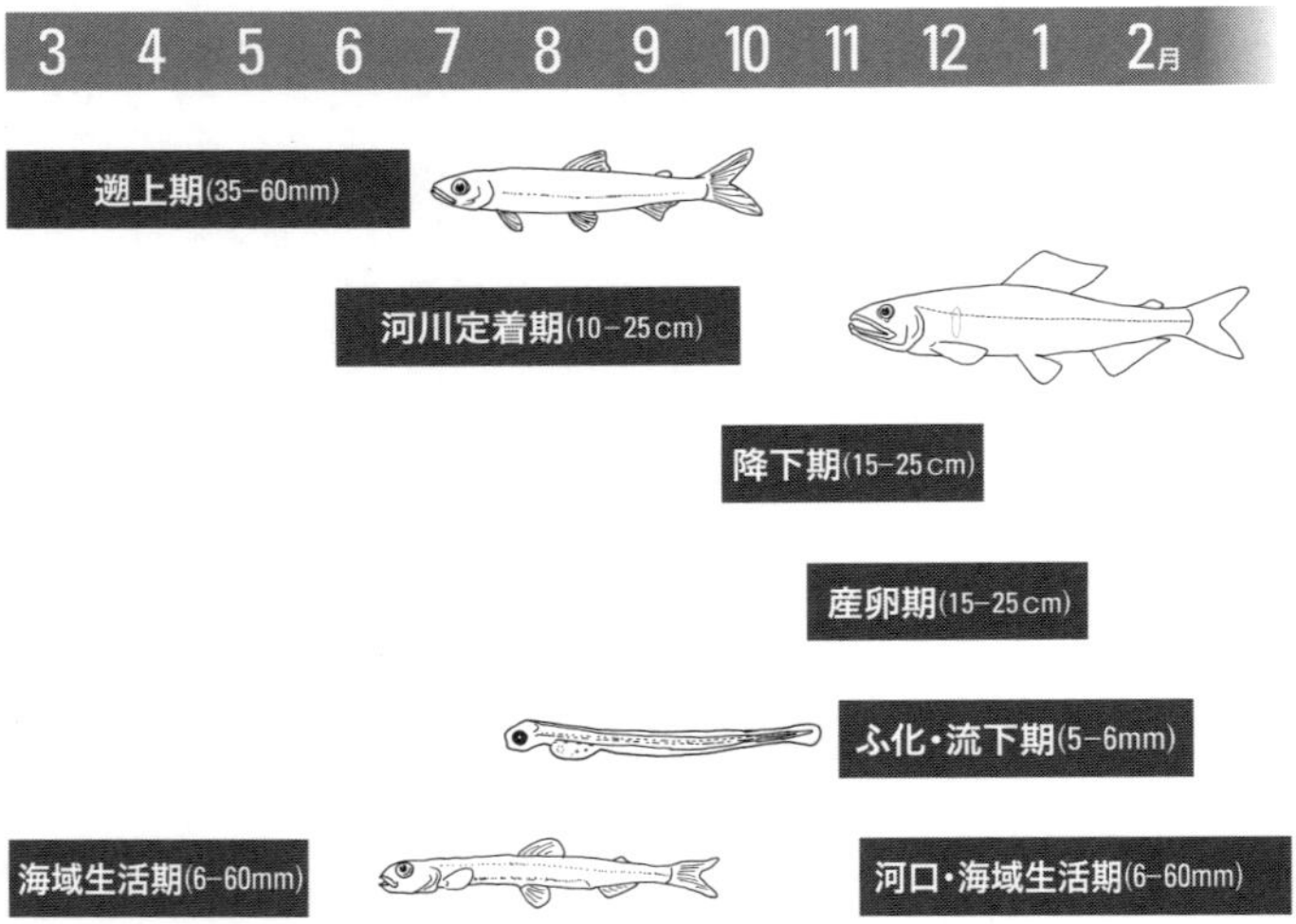

た早期に川に入ったものは中・上流部にまで遡上するが、5月以降に遡上したものは下流に留まることが多い。遡上を促進する要因として流量の増加があげられ、特に増水後に活発に遡上する。

②河川定着期

川に入ったアユは、川底の石の表面の藻類を活発に食べて成長する。初夏には10～20㎝まで達し、この頃から自分の餌場を占有するための「なわばり」を作ることが多くなる。なわばりを持たない個体の中には単独行動をとるものもいるが、群れを作って主にトロや淵で生活することが多い。

③降下期

9月から10月になると成熟し始め、産卵のために次第に下流へと降下する。親アユの降下は出水が引き金になることが多く、出水のない年には降下が遅れる傾向がある。降下する時も遡上と同じように群れを作って移動する。

④産卵期

下流部に集まったアユは瀬で産卵を行う。産卵場に適した条件は、小砂利底で浮き石（ざくざくした状態）となった瀬である。

産卵は暗くなり始めた夕方から活発になり、夜の8時頃にかけて行われる（産卵盛期には朝方や昼間にも産卵することがある）。これは天敵である鳥などから身を守るという効果があると考えられている。産卵を終えた親アユは1年という短い一生を終えてしまう。

産卵は高知県では10～12月にかけて行われるが、近年では暖冬傾向が強く、産卵のピークは遅れがちになっている。

⑤ふ化・流下期

アユの卵は産卵後2週間程度（水温15℃前後の場合）でふ化する。ふ化した仔魚は夕方から夜間に集中的に流下（川の水流に運ばれ海に達する）する。ふ化が最も活発になるのは午後7時前後で、昼間にはほとんどふ化しない。

ふ化直後のアユは6㎜前後で、腹部に栄養源としての卵黄を持っている。この卵黄から養分を吸収するため、3～4日間は餌を食べなくても生きていることができる。

⑥河口・海域生活期

アユの子は10月から5月まで延べ8ヶ月間も海にいることになる。もっとも、個体ごとにみると、高知県の場合長くても5ヶ月程度で、なかには3ヶ月程度しか海にいないものもいる。ところが、寒い地方（東北や北海道など）では海での生活期間が長く、6～7ヶ月も海で暮らしている。

海でのアユの主な生活場所は波打ち際付近であるが、20～30㎜に成長したものはやや沖合にも分布を広げる。この時期のアユは主に動物プランクトンを食べている。

アユがわかる用語解説

アユについて

◆**天然アユ**……人の手が加わらない状態で生活するアユ。海から上ってきた「海産アユ」はその代表例。ほかに琵琶湖産アユやダム湖のアユ（自然繁殖するもの）も広い意味では天然アユに含まれる。「放流アユ」と対比して使用されることが多い。「この川は1尾も放流してませんから、100パーセント天然アユです」というように使われる。

◆**湖産アユ**……通常、琵琶湖に陸封《りくふう》（かつては海域と淡水域を行き来していたものが、淡水域に取り残されて世代交代を繰り返すこと）されたアユを指す。海産アユとは卵サイズ（湖産アユが小さい）や遺伝子に違いがある。放流用の種苗として全国的に使われている。友釣りに向いた性質（攻撃性が強い）を持つ一方で、海水への適応能力が低く、再生産にはつながらないといった欠点もある。

◆**海産アユ**……琵琶湖のアユ（湖産アユ）に対する用語。幼期に海を成育場とし、春になって海から川に遡上するアユを指す。

◆**流下仔アユ**……産卵場でふ化した仔アユは川の流れに乗って海に流下する。その流下の最中にあるアユのこと。普通、流下仔アユはふ化直後で腹部に卵黄を保有している。

◆**越年アユ**……未産卵のまま年を越したアユ。何らかの原因によって産卵するタイミングを逃してしまうと卵を再吸収してしまい、越冬するための体力が維持されるらしい。越冬可能な場所（湧水のあるような場所）があれば、冬を越して満1歳魚となる。

◆**両側回遊**……産卵を目的とはせずに、特定の段階で川から海へ、海から川へと移動するような回遊様式。アユはその代表例で、川で産卵ふ化し、幼期を海で過ごした後、川へ遡上する。

◆**瀬づき**……産卵期のアユが産卵場となる瀬に集まった状態。「たつ」という地方もある。

川について

◆**河口域**……本書では河口の内側の汽水域（海水と淡水が混じっている所）に限定して使った。河川からは栄養塩類が、海域からはプランクトンなどの供給があり、一般に生物生産の高い水域となっている。

◆**瀬**……流れが急で、水面の波立ちがはっきりとわかるような場所。その形状によって早瀬、平瀬、チャラ瀬、荒瀬などに細分される。

◆**早瀬**……白波が立つ瀬。荒瀬、ガンガン瀬と呼ばれるものもこれに含まれる。

◆**平瀬**……波立ちはあるものの、白波は立たない程度の瀬。水深は相対的に浅い。

◆**淵**……河川のカーブ等で洗掘されてできる水深が深くなった場所。河床の起伏は大きく、最深部がわかりやすい。流れは緩い。

◆トロ……水深が瀬と淵の中間くらいで流れが緩やかな場所。河床の起伏は明瞭でなく比較的平坦。トロには水通しが良くて底石が大きい場合と、止水状態に近く河床が砂礫で形成されている場合がある。前者はアユの好適な生息場所である。

◆浮き石……河床の石が二重、三重に重なり合っている状態。石の間にすき間があり、石が不安定で動きやすい。アユの産卵場は小砂利の浮き石底に形成される。

◆はまり石（沈み石）……河床にある石の下半分くらいが砂泥や砂礫に埋まった状態。

◆付着藻類……河床の石などに付着した藻類。コケやアカと呼ばれることもある。珪藻や藍藻が主体で、微細な種が多い。

◆ハミアト……アユが石に付いた藻類（コケ）を食べた後に石の表面に残される笹の葉のような模様。ハミアトの多さでアユの多さを類推することもできる。

◆笹濁《ささ》り……川の水が青白っぽく濁った状態。

◆魚道……ダムや堰を魚が上下できるように（多くの場合上ることにのみ力が注がれる）作る緩い斜路や階段状の水路。

釣り用語

◆友釣り……なわばりを作ったアユが侵入したほかのアユを攻撃するという性質を利用した釣り方。釣り糸の先に付けたおとりアユ（友、親とも呼ぶ）をなわばりの近くに誘導し、それを攻撃に来たなわばりアユをおとりアユの尾部につけた掛け鉤《ばり》で掛ける。現在のアユ釣りの主流。

◆ドブ釣り……毛鉤を使った釣りの一種。「ドブ」というのは深み（淵）や淀みという意味で、そういった場所で釣ることに由来した名前。毛鉤の種類は非常に豊富で、川や時間帯によって当たり鉤があると言われる。

◆餌釣り……シラスやアジのミンチを餌としてアユを釣る方法。コマセ（撒き餌）を使ってアユをポイントに寄せて釣る。出水でアユの餌となる川底のコケがなくなった時は、特にアユが餌に付きやすく、大漁になることが多い。近年は規制する河川も多くなってきた。

◆コロガシ……おもりで掛け鉤を川底に沈めて引き、アユを引っかける釣り方。瀬で行うことが一般的。川の清濁、水量、天候に関係なく釣れる。

◆投網……円錐形の袋状の網の裾《すそ》におもりを付けたものを水面に広がるように投げて魚を捕る網。

◆梁《やな》……竹や木を使って川を堰き止めて魚（特にアユ）を捕る漁法。産卵のために川を下るアユを捕る「下り梁」は観光目的にも使われる。

第1章 アユの四季

夏

なわばりを主張するアユ（安田川）

アユがもっともアユらしく振る舞う夏。

水面下では激しいなわばり争いが繰り広げられる。

この時期のアユは知りつくされた感があるが、アユの一面しかとらえていないことも少なくない。

水中観察から見えてきたアユの多彩な表情をご覧あれ。

1 アユにとって「なわばり」とは何か?

アユがなわばりを持つ魚であることは、一般にもよく知られている。

広さはだいたい1m四方で、その中にある餌(藻類＝コケ)を独占する。ほかのアユがなわばりに侵入すると、それを攻撃し排除する。攻撃は侵入者に対していきなり行われることがほとんどだが、背びれを立てて威嚇して(写真)、侵入を牽制することもある。

ちなみにアユの釣り方で最もポピュラーな友釣りはこのようなアユの習性を利用したもので、釣り人が手繰る「おとりアユ」を攻撃してくる「なわばりアユ」を鈎に引っかけるという釣り方である。

なわばりアユはひれの縁辺が黄色くなって、胸の黄色斑も2つになる。全体的には黄色っぽい印象が強くなる。特に胸の黄色斑は釣り人の間では「追い星(おとりアユを追うという意味)」と呼ばれることもあり、いわばなわばりアユのトレードマークである。

■背びれを立てて侵入者（上）を威嚇するなわばりアユ

安田川、5月

なわばりアユはなぜ黄色くなるのか？

このことについて、琉球大学の立原一憲さんが明快な解釈をしている。

要約すると、アユは黄色を識別する能力に優れており、なわばりを持つ個体が黄色くなることで、お互いの識別が容易になる。その結果、なわばりアユ同士では無駄なケンカを避けることができ、また、なわばりを持たないアユに対しては「私有地につき立ち入り禁止」の看板のような意味を持っている、というものである。実際、群れを作って行動する時期（遡上期や産卵期）には体色に黄色はほとんどないことから考えても、単独で行動する際に必要な変化なのだろう。

ところが、最近意外な光景を目にした。アユがなわばりを持ち始めるのは初夏の頃というのが、一般的なイメージなのだが、２００４年の3月の中旬から下旬にかけて、高知県東部の安田川《やすだ》で「黄色いアユ」が多数いるのを潜水中に見かけた。おおよその個体数を数えてみると、多い場所では7割近くが黄色くなっていた。まだ放流はしていないので、天然のアユであることは間違いなく、全長も7～12cmとかなり小さい。普通なら群れを作って遡上しているサイズである。

彼らの行動をしばらく観察していると、一定の範囲に定住していることは確認できた。しかし、その定住範囲は約50cm四方と狭い。おまけに各個体の定住範囲は重なっている。どうやら、「なわばり」という意識はまだないらしい。実際、ほかの個体を追う行動は1回しか観察できなかった。

その後も黄色いのに他の個体をまったく追わないアユを何度か見かけた。例えば、産卵期にはひときわ黄色みが強く出ているのに、まったく追い行動を見せないアユがいる。これらは数は少ないものの、気をつけて観察するとほぼ確実に確認できる。

私はこれまでなわばりを作った後に体色が黄色くなると思っていたし、そう記述した専門書もある。しかし、私の見たいくつかのケースは黄色い体色となわばりは必ずしも関係がないことを意味している。

実は、アユの体色の黄色はアユが食べたラン藻に含まれる色素に由来しており、なわばりといった行動を直接反映したものではない（詳細は拙著『天然アユが育つ川』を参照いただきたい）。たとえ群れアユであってもラン藻ばかり食べているアユは黄色くなるのである。

アユの行動パターンはいろいろ

アユの代表的な行動パターンは、なわばりと群れであるが、潜水して観察すると、実際にはこの２つの行動パターンの中間的なパターンを示すアユの方がむしろ多い。

アユの研究で著名な川那部浩哉さん（京都大学名誉教授）は、アユの行動パターンを５つに分けている。その中で興味深いのは、「単独で定住（排他性なし）」というタイプで、私が安田川で３月に見た黄色いアユはたぶんこのタイプに該当するのだろう。

しかし、気をつけて観察していると、「単独で定住」しているように見えるタイプのアユも、たまに侵入者を定住地から追い出すという行動を取ることがあり、その頻度は個体によって様々である。結局のところ、「単独定住」は「なわばりアユ」へと昇進する過程の行動と解釈するのが妥当なように思える。

おそらく、群れから離れて単独行動を取り始めたアユは、気に入った場所があるとそこで定住し、さらに、そこが餌場として防衛するだけの価値があると「判断」すれば、次第になわばり行動を取り始めるのではないだろうか。

体色の黄色は定住者あるいは単独行動者としてのマークという意味がまずあり、その色合いの強弱は単独行動の最終的な形とも言えるなわばり行動の強さとも関係しているのだろう。

なわばりが作られる条件

どのようなアユに好まれ、なわばりが形成されるのか？　それを知りたくて、安田川にA・B2つの調査区を設け、5ヶ月間にわたって5日ごとにアユの密度やなわばり行動を観察したことがある。

なわばりを作るアユの割合（なわばり形成率）は、20～30％程度であることが多いのだが、まれに50%を超えることもあった。そして、なわばり形成率はA区の瀬では餌となる付着藻類（コケ）の現存量（沈殿量）とある程度の正の相関が見られた（統計上有意ではない）。アユのなわばりは自分の餌場を確保するためのものなので、付着藻類となわばり形成率に相関があるというのは、うなずける結果である。

ところが、B区の瀬では、付着藻類となわばり形成率はまったく無関係だった。さらにはA区でも、トロ（水深が深くて流れが緩やかな場所）では付着藻類となわばり形成率の間に関係性を見出すことはできなかった。単に餌が多ければ良いということではなさそうだ。

ところで、天気が安定して渇水気味になってくると、石が大きくて比較的安定した早瀬ではアユが釣れなくなり、小石底のチャラ瀬やトロでよく釣れるようになることは、友釣りをされる方なら経験的にご存じのはず。この現象もアユがフレッシュで美味しいコケを求めて移動しているために起きているようである。

コケが新しい場合は早瀬のような環境（大きな石が多い）がアユにとって棲みよいのだが、安定した環境だけにコケが更新されにくく、「アカ腐れ（枯死した藻類の割合が多くなった状態）」しやすい環境でもある。そうするとアユは早瀬を離れ、チャラ瀬やトロに移動するようである。チャラ瀬やトロには小石が多く、早瀬よりは不安定な状態（ちょっとした増水で石が動きやすい）にある。結果的にコケが更新されやすく、渇水期でもフレッシュなコケが維持されやすい。

実は、アユを観察したA区は安田川の下流に位置し、瀬のタイプはチャラ瀬に近かったのに対して、B区は中流で、石の大きな（安定した）早瀬だったのである。チャラ瀬（A区）のコケが更新されやすいことを裏付けるように、現存量の最大値は早瀬（B区）のわずか3分の1に過ぎなかった。アカ腐れしにくいA区では、アユにとっては量が多いほど価値があったため、付着藻類の現存量となわばり形成率が正の相関関係にあったのに対して、アカ腐れしやすい地点では、質の方が重要だったために、現存量となわばり形成率の間に単純な相関関係は生まれなかったというのが真相のようだ。

アユがなわばりを作るのは、餌を独占するためであることは間違いないのだろうが、なわばりを作る動機には、単に餌の量だけではなくて、その質も大いに関係するようだ。おまけに、水温や水の透明度、水量、アユ自身の発育といったことまで関与しているようで、明瞭な結果を得ることができない。アユの気持ちを理解するのはなかなかに難しい。

■アユのなわばりの中に「なわばり」を持つボウズハゼ（右下）

安田川、9月

アユがボウズハゼを追わない理由

ボウズハゼ（写真右下）はアユと同じ藻類食で、なわばりを作って排他的に振る舞う点でアユとよく似ている。彼らは同種の他個体ともよくケンカをしているが、アユにもしょっちゅう攻撃を仕掛ける。ところが、アユがボウズハゼを追う姿は一度も観察したことがない。

餌を守るためのなわばりでは、競合するほかの種も攻撃対象となるのが普通で、実際にボウズハゼはアユを頻繁に攻撃している。なぜ、アユはボウズハゼを追わないのか？　実はいまだに断定はできないのだが、どうも両者の泳層と動きの違いに起因しているようなのだ。

それというのも、なわばりを持ったアユは、アユだけでなく、オイカワやウグイ等も攻撃することがある。ボウズハゼが他種であるから攻撃しないということではない。ボウズハゼとオイカワやウグイの大きな違いは泳層と動きで、ボウズハゼは石の上や横に張り付いていて、基本的にアユよりも下にいることになる。そのうえ動きは小さい。

なわばりアユを観察していると、なわばりに進入してきたアユに対して激しく反応する（攻撃する）ケースとそうでないケースがあって、なわばりアユに対して水平や上から進入する場合に激しく反応することが多いのに対し、底を縫うように自分よりも下層を泳いで来たアユに対してはやや反応が鈍い。友釣りをしていて、おとりのアユが弱るとたんに釣れなくなる。この時、おとりアユは底に張り付いてじっとしていることが多い。このような事例を考え合わせると、自分より下にいて、かつ動きが緩慢なものに対しては、攻撃のスイッチが入らないと考えれば、アユとボウズハゼの関係が説明できるのである。

2 なわばりアユと群れアユの戦い？

なわばりアユを観察していると、その振る舞い方にずいぶん個体差があって、時間を忘れて見入ってしまうことがある。

なわばりに入ってきたものは、アユであろうがオイカワであろうが、遊泳魚であればすべて攻撃する「屈強ななわばりアユ」がいるかと思えば、遠慮がちになわばりを主張する「温厚ななわばりアユ」もいる。

前者をなわばりアユと呼ぶことに何の疑問も持たないが、後者ははたしてなわばりアユと呼んでいいものか。そう考えると、「なわばりアユ」を定義することはけっこう難しい。

なわばりアユと群れアユの関係もじっくり観察してみるとなかなかおもしろい。

印象に残った2つの観察例を紹介する。

1つ目は2003年9月、高知県安田川での観察例。3m四方に3尾のなわばりアユがいた。そのうち2尾（A君とB君と呼ぶ）はやる気満々のアユで、いかにも強そうであった。もう1尾（C君）はやや小型でなわばりを主張しているのはわかるが、気が弱いのか攻撃性はあまり強くない。

その付近には15尾ぐらいの群れアユがいて、移動しながらコケ（藻類）をはんでいた。しばらく見ていると、弱そうなC君のなわばりにはほとんど遠慮せずに侵入し、その中のコケをはむ。C君は少し抵抗するが、群れアユは気にする様子もない。結局C君は群れアユが過ぎ去るまで、なわばりの近くで呆然（?）としていた。

しかし、この群れアユたちは強そうなA君とB君のなわばりにはほとんど手を出さない。やはり怖いのだろうか。もっと不思議なのは、その周辺の生息密度は低く、餌を食べるためであれば、いくらでもスペースは空いている。なぜ群れアユはわざわざ嫌がらせのようにC君のなわばりのコケを食べるのだろうか。そもそも、がら空きのスペースの中でばらけずに群れる意味は何なのだろうか。

２つ目は２００５年6月、高知県物部《ものべ》川上流での観察例。川幅５ｍほどの渓流に近い小河川に点々となわばりを持ったアユがいた。その間を団子状態になった群れ（60尾ほど）が移動しながらコケをはんでいた。群れアユがコケをはむ頻度は一定ではなく、ある場所に入るといっせいに全個体が活発に食べ始める。興味深いのは、なわばりアユがいようがいまいが、お構いなしにいっせいにコケをはみ始めることで、なわばりアユを恐れている様子はない。その後、同じようなケースを他の河川でもよく見かけるので、特殊な例ではないようだ。

■群れアユを攻撃するなわばりアユ（中央）

物部川、6月

なわばりを襲う群れアユ！

このケースでは、なわばりアユは次々と侵入してくる群れアユに盛んに攻撃を加えるものの、多勢に無勢という感じで、防衛範囲は極端に狭くなる。それまで1m四方のなわばりを持っていた個体でも、30〜50cm四方を守るのが精一杯のようであった。

これまで群れアユというのはなわばりアユに対抗できない、いわば「落ちこぼれ」のように思われてきたが、この解釈はアユの行動の一面でしかないのかもしれない。今回紹介した2つのケースでは「群れる」ということでなわばりを襲っているかのようにすら思えるのだ。

もう一つわからないのは、2つの例とも周辺の生息密度は1尾／㎡を大きく切っていた。つまり、餌場としては十分な広さがあるにもかかわらず、群れアユは空いたスペースを十分には利用せずに、なわばりに侵入していたということである。なわばりは餌の質が良いところに形成される、あるいは、なわばりを形成したことで餌の質が良くなるとすれば、それを奪うために「群れる」という行動様式を取ることがあるのかもしれない。

アユの振る舞いは観察すればするほど新しい発見がある。このおもしろさをデータにできないかと思うが、残念ながらその方法を思いつかない。

3 カワウにおびえるアユ

今、全国の河川でカワウ[1]によるアユの食害が問題となっている。

川によっては数百羽の群れがいて、1羽が1日に500gの魚（アユであれば10尾ぐらい）を食べると言うから、ばかにならない。

実際、カワウが頻繁に訪れる川に潜ってみて驚いたことがある。単に魚が少ないだけでなく、サイズのバランスが異常なのだ。極端に言えば、稚魚[2]と30㎝以上の大型魚（コイやウグイ）しかいない。中間サイズの魚は種類に関係なくほとんど見

■群れで餌を捕るカワウ

松田川、1月（撮影：濱田哲暁）

えない。丹念に探せば、早瀬の白泡の下や、身を隠すことができる大石の近くにいることはいるが、その数は極端に少ない。食べやすいサイズの魚はほとんど餌食になるという現実を見せつけられると、改めてカワウの怖さを実感する。

対策として、花火による威嚇やかかしの設置などが行われているが、これといった抜本的な対策は見つかっていない。困ったことに、こういったカワウの影響は、最近私の仕事にも影を落とし始めたようなのだ。

カワウの被害がなかった頃は、川に潜っても雑な動きさえしなければ、1mぐらいの距離までアユに近づくことができた。ところが、数年前から非常に警戒心の強いアユに悩まされることが多くなった。極端なケースでは水際に足を踏み入れただけで、50mほど上流で盛んに餌をはんでいたアユの群れがいっせいに逃げ出してしまうこともある。大まかなアユの数を調べることさえままならなくなってきた。

最初のうちは、放流されたアユの種苗性[3]や漁獲圧[4]（投網が行われる場所ではよく逃げる）あるいは水量のせい（水が少ないと警戒心が強くなる）だろうと思っていたが、回数を重ねるうちにどうもそれだけではないことがわかってきた。

アユの警戒心が極端に強いと感じる川では、今のところほとんどのケースでカワウの飛来を確認している。カワウがやってくることでアユがおびえてしまい、悪さをしたことがない私まで警戒されるようになってしまったようなのだ。そう思うと愛嬌のあるあの顔も憎らしげに見えてしまう。

しかし考えてみれば、カワウの被害は確かに異常なほど甚大なものであるが、一時は絶滅の危機にまで陥ったカワウが短期間のうちこれほどに個体数を増やしたことの裏側にあるものはもっと異常なものなのかもしれない。

だろう。まさにまぼろしの「金アユ」である。

調査期間中に金アユを飼っているという須藤清光さんと知り合えた。

案内された池をのぞくと体色の違うアユがいた。飼育されているためか、川で見たような鮮やかな金色の印象はないものの、確かに体側まで黄色みが強い。特に背筋の金色は写真でも鮮やかなことがわかる。

須藤さんのご厚意で、観察するために水槽に取り上げてくれた。詳しいことはわからなかったが、間近で見ると色素の異常個体ではないかという感じがした。アユの体色異常は時々あるようで、その飼育池にはコバルト色のアユも飼われていた。

赤石川ではダムや河川の荒廃が今問題となっている。金アユも最近ではめっきり少なくなってしまったらしい。遠い地のことながら、「金アユ」がいつまでも生息する清流であってほしいと願う。

■赤石川で採集された金アユ

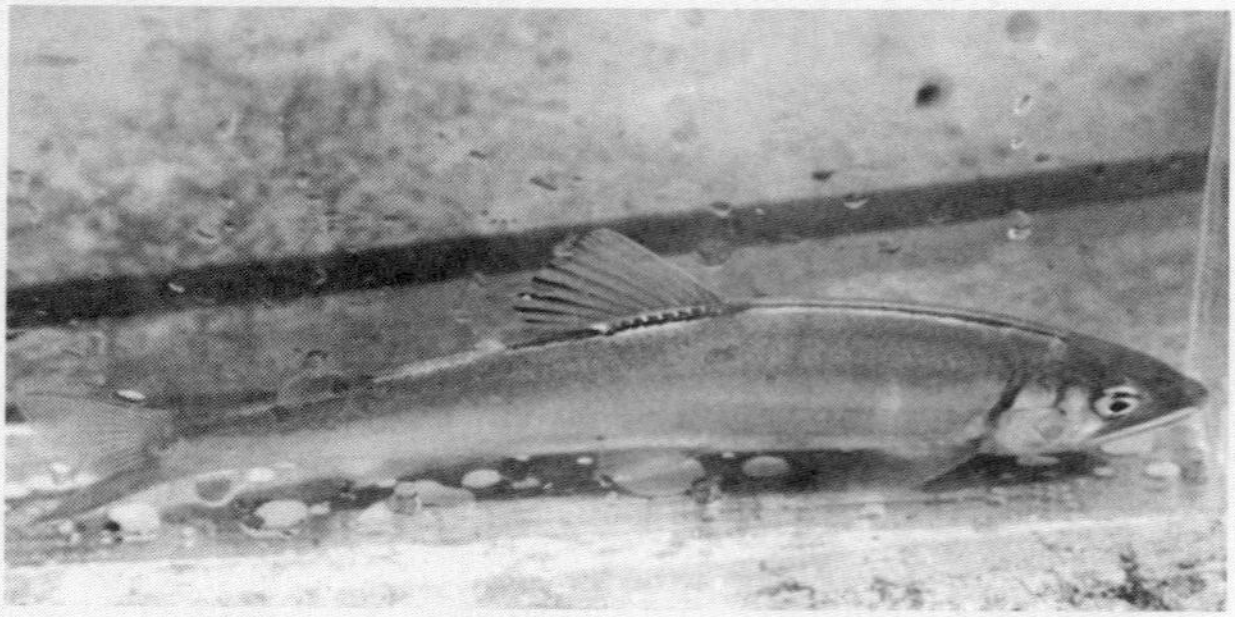

（飼育：須藤清光）

赤石川《あかいし》のまぼろしのアユ「金アユ」

1999年に青森県の赤石川でアユの調査をした。

世界遺産・白神山地から流れ出る名川で調査できるという楽しみに加え、この川に住むという「金アユ」と会える期待もあった。

「金アユ」という名前を聞いたとき、全身に黄色みが強く出た追い気の強いアユを思い浮かべた。かつて、友釣りの技術や道具が未熟だった頃、時々「真っ黄色」と表現したくなるようなアユが釣れたことがある。長い間なわばりを維持することで、そのような体色になってしまうらしい。

そういったアユが当地では「金アユ」と呼ばれているのではないか。最近では「金アユ」と呼べるまでの体色になる前に釣られてしまって、そのために「金アユ」が少なくなったのだろうと勝手に解釈していた。

ところが赤石川に行って、赤石水産漁協の方たちの話を聞くと、どうもそうではないらしい。私の想像していた「金アユ」はひれや胸のマークが著しく黄色みを帯びるだけで、体そのものは普通のオリーブグリーンなのだが、赤石川の「金アユ」は全身が黄色みを帯びるという。

にわかには信じがたかった。

実際、赤石川に潜って観察したが、そのような個体にはなかなか巡り合えなかった。調査も最終日となる3日目、最下流の調査地点を潜っていると、目の前を黄色い魚が泳いでいった。すぐに視界から消えてしまったが、幸いにももう一度姿を見せてくれた。紛れもなくアユであった。赤石川のアユは全般的に体色が淡い感じがするのだが、その個体はそれらとは明らかに違った体色であった。確かに「金アユ」と呼ぶにふさわしい。

結局3日間の調査で「金アユ」を見たのはその一度だけだった。2000尾以上のアユを観察し、その中で1尾だけだったのだから、数は相当に少ないの

4 アユも避暑をする——土用隠れ

梅雨が明けて、暑い日が続くと、アユが瀬を離れ、淵に移動してしまうことがある。本来の生息場である瀬で釣れなくなること、時期的には夏の土用の頃（7月の末）に見られることから、釣り人の間では「土用隠れ」と呼ばれてきた。

この原因については、餌となる藻類（コケ）が腐ったため、釣り人からの逃避等々、これまで様々な解釈がされてきた。おそらく複合的な理由から瀬が住みにくくなり、淵に避難するのだろうが、いまだによくわかっていない現象の一つである。

子どもがまだ小さい頃、夏になると家族で伊尾木《いおき》川（高知県東部）の中流部に遊びによく行った。そこには小さいながらも水深3ｍほどの淵があり、いつも数百のアユが群れている。淵の上下の瀬にもいるにはいるが、数は少ないし、小さいものが多い。ここのアユたちが淵を住み場所として「選

■高水温を避けて水温の低い淵の底で「避暑」する魚（ウグイとアユ）の群れ

四万十川、8月

んでいる」のは間違いないようだ。人が泳いでも、その淵からは出ようともしないことから考えると、執着心も相当にあるようだ。

伊尾木川のアユ釣りの名手、大坪保成さんと話をしていて、たまたまこの場所が話題にのぼった。大坪さんの話では、増水の際にはこの淵の周辺、つまりアユ本来の住み場である瀬が好ポイントになるらしい。

伊尾木川では発電のために上流部で取水され、その水は下流部にバイパスされる。そのため、この淵のある中流部は平常時には水が少ない。どうやら水が少ないことで、瀬が生息場としての価値を失ってしまうようだ。

四万十《しまんと》川（高知県西部）でも土用隠れを何度か目撃したことがある。ちょうど土用の前後にアユを観察に通っていたのだが、いくら瀬を潜っても、ほとんどアユを見ることができずにいた。もしやと思い、水深が7mほどの淵に潜ってみた。底の方に数え切れないほどのアユがゆったりと泳いでいた（前ページの写真）。

瀬では水温が30℃近くあったが、淵の底の方はそれよりも4℃ぐらいは低かったようだ。「アユも避暑をするのだ」と、妙に納得できた。

ところが、最近四万十川のアユの様子が少し変わってきたように感じている。かつての経験からは、絶対に瀬には住まないと思う水温（28～30℃）であっても、平気そうな顔をして瀬で餌を食べている姿を見かけるようになってきた。もちろん、淵の底に避難している「避暑アユ」もいるので、土用隠れがなくなったわけではないのだが。

5 アユのストレスと冷水病

釣りをしていると横を死にかけたアユが流れていく。釣り上げたアユの体に穴があいている。アユはたくさんいるはずなのに友釣りで釣れない。今、各地の川でこんなことが頻繁に起きている。その主な原因と考えられるのが冷水病である。

アユの冷水病は細菌による疾病で、貧血や唇の付け根のただれ・出血、体表の穴あきなどの特徴的な症状が見られる。もともと日本にはない病気だったのだが、1990年代後半に全国の河川に広がってしまった。冷水病に感染した琵琶湖産のアユを規制もしないままに放流用に使い続けたことが蔓延を助長したと考えられている。

私が高知県内で初めて冷水病にかかったアユを見たのは、1994年5月のことで、それ以来、県内ほぼすべての川で毎年観察されるようになった。

2001年の5月、少なく見積もっても20万尾のアユが物部川から消えてしまった。それもわずか

■冷水病の代表的な症状である「穴あき」

半月ぐらいの間に。２００４年、伊尾木川では4月までは久しぶりにたくさんのアユが観察できていた。ところが、何回かの出水の後、まったくと言ってよいほどアユがいなくなってしまった。これ以外にも県内の多くの川で同じような現象が起きている。原因を特定することはできないが、冷水病が関係していることはほぼ間違いないだろう。

冷水病という名前から想像すると、水の冷たい春先に出そうだが、実際にはかなり暖かくならないと発生しない。川の水温が16〜20℃ぐらいになる5〜6月に集中しているが、秋の産卵期に発生することもある。

甚大な被害をもたらすことのある病気なのだが、意外なことに菌そのものの病原性は弱いという。健康な魚であれば発病することは少なく、体力が低下したときや水温の急変、濁りなどでストレスを受けたときに発病する。なにやら人の風邪と似ているが、大量死につながるところがこの病気の恐ろしいところだ。

国外から持ち込まれた冷水病

冷水病のように大量死を起こす病気は過去にもいくつかあったが、いずれも10年もすれば自然消滅的に終息した。ところが冷水病は発生から20年以上経過したのに収まる気配がない。

このことを魚病の専門家に聞いてみたところ、可能性としてではあるが、次のようなことを話してくれた。

在来の病原菌であれば、魚との間に長い「付き合い」の歴史があって、それなりのバランスが生まれる。その結果、爆発的な大量死や病気の長期化は起きにくい。宿主が死んでしまっては、病原菌としても困ることになるのだ。

ところが、冷水病は国外から持ち込まれて日の浅い病気であるために、アユと菌との「付き合い」がまだうまくできていない。そのために発症し始めると、時として大量死まで一気に突っ走ってしまうことになる。ブラックバスやアカミミガメ（ミドリガメ）のような外国からの移入種が、日本の生態系の中でバランスを取れずに様々な問題を起こしているのと似ている。

冷水病の対策として、かつてはワクチンの開発が進められ、関係者から大きな期待が寄せられていたが、いつの間にか話を聞かなくなった。商業ベースに乗らないことが実用化を阻んだのかもしれない。琵琶湖産のアユ種苗では出荷前に高温処理をして、無菌状態になったものを出荷するように努力している。ただ、無菌の証明書の付いた稚アユを放流した河川でも冷水病は発生しているので、高温処理も万全なものとは言えないだろう。

これといった対策がない冷水病であるが、アユ漁の解禁を早めることで一定の効果をあげている河川がある。岡山県の奥津川、三重県の宮川（宮川ダム上流）、岐阜県の付知川等である。これらの河川では、アユが冷水病を発症しやすくなる水温16～20℃を避けて、13～16℃で解禁するというやり方で被害を小さくしている。

実は、多くの河川でアユ漁が解禁となる6月上旬というのは、水温が16～20℃となっている。この温度帯は冷水病を発症しやすく、アユがコンディションを崩していることが多い。結果として釣りにくくなっているのである。試し釣りではよく釣れたのに、解禁したら釣れないというパターンは、これが理由になっていることがほとんどで、その温度帯を外して解禁することが対策となるのである。

この対策の成功の鍵は放流するアユの種苗性にある。早期解禁を実現するためには、早期（水温10℃前後）に放流する必要がある。そのためには低水温に耐性のある種苗が不可欠となり、飼育する際の最低水温が10～13℃程度まで低下する（低下させる）飼育施設で育てられた種苗で成功確率が高い。なお、この対策は『アユを育てる川仕事』に詳述しているので、参照していただきたい。

病原性はたいして強くもない冷水病がしばしば甚大な被害を引き起こす背景には、日本の川の荒廃があるという人もいる。水量の減少や水質汚濁等々、あげればきりがないが、今の川にはアユのストレス（＝冷水病の引き金）となるものがあまりにも多いため、冷水病の蔓延を助長しているというものだ。

6　アユと釣り人が水をきれいにする――川の掃除屋

アユ釣りをする人なら、きっとおわかりいただけると思う。アユが多い年は川がきれいに見える。それはアユが藻類（コケ）を食べることで、川底の石を磨いているからで、見た目にもキラキラ輝いた感じになる。ただ、川底を掃除するだけでなく、どうやら水そのものをきれいにしている可能性がある。

川に流れ込む生活排水には窒素やリンが含まれている。窒素やリンは汚濁の原因となるが、植物にとっては肥料分でもある。ヨシやホテイアオイ等の水生植物が水質浄化に使われることがあり、水中の窒素やリンを植物が吸収することで水質が改善される。この方法の欠点は窒素やリンを取り込んだ植物を枯れる前に水中から取り上げなくてはならないことで、その処理費用はばかにならない。

ところが、同じようなことは川の中で日常的に起きている。川に流れ出た窒素やリンの一部は川底に生えているコケに吸収される。実際、物部川で水質とコケの関係を調べた高知大学の深見公雄さんらは、コケの増殖が盛んな夏場には水中の窒素分の濃度が下がることを指摘している。ヨシやホテイアオイを使った水質浄化と同じ原理が働いているようだ。

ヨシやホテイアオイと違うのは、水中の窒素やリンを吸収したコケは、アユに食べられて、骨や筋肉を作る栄養素として利用されることである。そのアユを人が釣りあげれば窒素やリンが陸上へと取り上げられることになる。ここでのポイントは、頼まれもしないのに釣り人が窒素やリンを陸にあげてくれることで、水生植物を使ったときのような経費がまったくかからない。

こんなうまい話が本当にあるのかどうか、2001年に水質分析を専門としている秋山博美さん(当時西日本科学技術研究所)と物部川で調べてみた。

かなり専門的な話になるので、大筋だけをお話しすると、アユ釣りのシーズン中に釣りによって物部川から取り除かれた窒素は1・6トン、リンは320kgと推定された(20年ほどの間の平均値)。この値はアユが川に生息する約6ヶ月(5~10月)に物部川を流れた窒素の1%、リンの20%に相当する。窒素はたいしたことないが、リンについてはばかにできない数字である。

見落としてはならないことは、アユが多いほど、そして漁獲される量が多いほど浄化能力は高くなることである。アユが多いと水がきれいな感じがするのはあながち錯覚とは言えないようだ。

今回の試算はまだかなり粗っぽいが、アユが水質浄化につながるという視点は新鮮で、アユを増やすことの公益的な意義も見えてくる。

■石の表面のコケを食べるアユ

四万十川、7月

アユ釣りも川の水質を改善するとなれば、もう少し大手を振って川に行けるようになるかもしれない。ただし、腕が確かであることが条件となるが……。

秋

アユの産卵（安田川）

１年の命しかないアユにとって、産卵はやり直しのきかない大切なイベント。

人気のなくなった秋の川では夕方になると命の引き継ぎが行われる。

そこではアユの意外な一面を見ることになる。

1 まだ謎の多いアユの降下行動

夏の間、中流域で生活をしていたアユたちも彼岸花が咲く頃になると、次第に定着性を失い始める。日が短くなったことを感知して、成熟が始まったのだ。やがて群れを作って産卵のために下流域へと移動し始める。

アユの生活史[5]に関する研究は多いが、じつは、この降下行動（落ち）については詳しい研究が少ない。

落ち鮎漁をする漁師さんたちの話によると、落ち鮎の群れには必ずリーダーがいて、群れはリーダーの行動に追随するという。群れを統率するという本当の意味でのリーダーであるとは思えないが、降下中のアユの群れ行動を観察していると、降下をためらっていた群れが、1尾の降下行動をきっかけにいっせいに動き始めることがある。最初に降下を始めた勇敢な（？）アユは、確かにリーダーのように見えるのである。

■産卵場まで下ってきた親アユの群れ

四万十川、11月

下りの時期は個体によってかなり差があり、普通は大きい魚から下り始める。

なぜ大きいものから下り始めるのか？

1尾のアユが持つ卵や精子の量は、サイズによって決まる。例えば20㎝のメスは10万個前後の卵を産むことができるが、10㎝以下になると数千個にまで減る。小さいアユほど下りの時期が遅くなるのは、少しでも多くの子どもを残すために、成長期間を延長するためなのだろう。

このような降下行動は平水時にも行われるが、出水と結びついていることが多い。物理的に押し流されるということもあるのだろうが、出水そのものが生理的な刺激となって、降下行動が促されるようだ。そのため、秋に出水のない年は下流への降下は遅れ気味になる。

極端な雨不足となった２００２年、四万十川では落ち鮎漁解禁の12月1日に河口から90㎞も上流の大正町あたりで、たくさんのアユが捕られたという。産卵場へと下ることができずに上流に残留していたのだろう。

大雨による出水は河床を攪拌《かくはん》し、産卵の邪魔となる泥や砂を洗い流す。見方を変えれば、秋の出水が産卵場を「造成」しているということになる。ところが雨不足の年には、このような河床の攪拌が起きないため、産卵場の環境が悪く、産卵効率は低下する。親アユが中流域に残留するのは、降雨によって産卵条件が好転するのを待っている姿なのかもしれない。

ただ、雨を待つだけなら産卵場のある下流でも良さそうにも思える。ところが下流部は小砂利が多く、餌となるコケが少ない。雨を待つにしても、その間にいくらかでも成長するためには、餌の多い中流に残留する方が得策ということなのだろう。

このように、アユの産卵の遅れや中流への残留という現象は、少しでも良い条件で子孫を残そうとする親アユの懸命な姿ということができる。

落ち鮎漁の解禁日に「子持ちアユが捕れた」と喜ぶよりも、産卵がうまくできていないことを心配してやりたい。

2 産卵場はどこにできるのか？

アユの産卵場は川の下流部——高知県の川だと河口から数百ｍ～十数㎞の範囲——に形成される。ふ化した子どもが数日の間に海までたどり着けなければ餓死してしまうため、できるだけ下流で産卵することは、子の生き残りという面から理にかなっている。

しかし、全国的に見ると海から離れたところで産卵する例がけっこう多い。例えば、長良川《ながら》では河口から約40～75㎞の範囲に、利根川《とね》にいたっては１７５～２３０㎞も上流にまで産卵場が形成される。このように河口から離れたところでふ化した仔アユは、海までたどり着けない確率が高くなる。

愛知県の矢作川《やはぎ》では河口から20～60㎞の間にいくつかの産卵場が形成される。ふ化した仔アユを調べてみると、河口から40㎞以上上流の産卵場でふ化したものの多くは、海にたどり着けずに死んでいることがわかった。原因は親アユがあまりにも海から遠いところで産卵することにある。矢作川の中流には取水堰やダムがあり、その貯水池の流入点付近で産卵をしている。親アユが貯水池を「海」と勘違いしてしまうのかもしれない。

このような例は四万十川の家地川《いえぢ》堰堤（河口から１００km以上上流）でも見られ、渇水の年には貯水池の上流で産卵することがある。もちろんこれも無効な産卵となる。

このようにダムや堰といった人工物に阻まれて、仕方なく上流部で産卵することもあるが、普通、産卵場の位置は河川の勾配によって決まると言われている。すなわち、急勾配の河川では河口近くの狭い範囲に、緩勾配の河川では河口から離れたところに広範囲に形成される傾向がある。

高知県の川をこの傾向に当てはめると、県中央部の物部川から東の河川の産卵場は河口から３km以内にあり、典型的な急勾配タイプと言える。大河川の四万十川でも河口から9～14kmというかなり狭い範囲に形成されており、数値からみると急勾配河川タイプである。ところが、四万十川は日本の川の中では、緩勾配の河川に入る。同程度の勾配の河川を拾い出してみると、那珂《なか》川では約20～40kmの範囲に、吉野《よしの》川では14～75kmの範囲に産卵場が形成されている。これと比べると、四万十川の産卵場は極端に下流に集中していることがわかる。

この理由ははっきりとしないが、石の大きさが関係しているのではないかと考えている。一般的に四万十川ぐらいの大きさの川になると、下流部は砂が多く、アユの産卵に好適な砂利底は河口からかなり上流に上らないと見つからない。しかし、四万十川は河口付近までこぶしぐらいの礫がある。ア

■四万十川の主な産卵場である小畠の瀬

ユの産卵も海水の影響が及ばない範囲で、ぎりぎり下流まで可能となるのだろう。
　子の生き残りという面からみると、高知県の河川のように下流部に産卵場が集中している地域は自然条件に恵まれていると言える。このことは資源の保護が実を結びやすいということでもある。

3 知っておきたい落ち鮎漁の話

小学校2年生だったと記憶している。父親に連れられて、落ち鮎漁の解禁日（その当時は11月16日）に物部川に行った。大人たちの網に追われて浅瀬の石の隙間に身を隠したアユを手づかみするのだが、息子を河原に置き忘れた父親が戻ってきた頃には袋いっぱいのアユを手にしていた。

このときの記憶は鮮烈で、落ち鮎の解禁時分になるといまだによみがえる。それにしても、その当時のアユの多さは何だったのだろう。

「落ち鮎」を手元の辞書で引いてみると、産卵のために川を下るアユ（「下り鮎」ともいう）という意味とさびアユ（黒っぽい婚姻色[6]の出たアユ）という意味の2つが紹介されている。ただ、「落ち鮎漁」と言えば、産卵中あるいは産卵後のさびたアユを対象とした漁を指すことが多い。

落ち鮎漁はそれが盛んな地域があるかと思えば、ほとんど見向きもされない地域もある。私の住んでいる高知県は「落ち鮎漁」が盛んな地域の一つで、なかでも四万十川の下流域では落ち鮎を珍重す

■落ち鮎（産卵をほぼ終えたメス）

四万十川、11月

る。それはアユが下流に下ってくる秋でなければ、アユを捕ることができなかったという事情があったせいでもある。和歌山県と三重県にまたがる熊野《くまの》川でも盛んで、この地方では、下り鮎を狙う「せぎ漁」[7]という独特な漁法もある。

こういった地域では、落ち鮎を美味しく食べるための独特の料理方法が昔から伝えられていることが多い。四万十川では焼き干しにして、正月の雑煮の出汁を取るし、「塩煮」という料理法もある。海水ぐらいの濃さの塩水で煮るだけだが、あっさりとしてうまい。熊野川ではアユの「なれ鮨」が珍味で、これには脂肪の抜けた落ち鮎が適しているという。

こういった食文化は大切にしていきたいものだが、落ち鮎漁は産卵期の親魚を捕るだけに、資源に大きなダメージを与えることもある。渇水の影響で産卵が遅れた年には未産卵の親がたくさん捕られることがあるし、場合によっては漁が卵に深刻なダメージを与えることもある。

産卵場に人が入るだけでも

２０００年11月、落ち鮎漁解禁の2日前に四万十川に産卵の観察に行った。夕方になると浅瀬一帯で活発な産卵行動が観察され、産み付けられたばかりの卵（未発眼卵）をたくさん確認した。ところが、解禁の５日後（卵を確認した7日後）にはそれらはほとんどなくなっていた。その時期の水温は14～15℃で、ふ化までには2週間以上要する。卵の消失はふ化によるものではない。

アユの卵は河床の石に付着しているが、別の親アユがその周辺で産卵するだけでもその一部は流失する。私たちが産卵場を調査する際に、そこに立ち入るだけでも卵は少なからず流失してしまうのだ。四万十川では落ち鮎漁解禁日には多くの人が産卵場に入って漁をする。浅瀬から卵がなくなった原因は、産み付けられた卵が踏まれて破損、流失したためらしい。

産卵前の親を捕ることによって資源の減少につながることは容易に想像できるが、せっかく産み付けられた卵までも台無しにしていることは気がつきにくい。

長い間伝えられてきた食文化とアユ資源、どちらも大切なものであるが、アユがいてこその食文化であることは間違いない。本末転倒とならないようなルールづくりが必要な時期に来ている。

4　卵を食べるアユ

高知県でアユの産卵が盛期となる11月は、午後４時ともなると水中はずいぶん暗い。アユの産卵が活発になるのはこの時間帯からである。

産卵場となる瀬に昼間いるのはほとんどがオスであるが、夕方近くなると付近の淵で休んでいたメスたちがやってくる。

観察していると、オスは体を擦りつけるようにしてメスを追う。たぶん産卵を促しているのだろう。メスは時々産卵するような仕草はするが、本当の産卵はなかなか始まらない。オスとの相性を確かめているようにも見えるし、産卵に適当な場所を探しているようにも見える。

太陽が西の山に沈みかける頃になると、あちこちで産卵が始まる。こうなると、警戒心はほとんどなくなるようで、観察している私の胸や腕の下で産卵することも珍しくはない。

掲載した写真（次ページ）は産卵の瞬間をとらえたもので、10尾ほどのアユが団子状態になってい

■産卵の瞬間

四万十川、11月

る。集団の一番下に見える少し大きいアユが卵を産んでいるメスである。その両側に体をぴったりと押しつけるようにしている2尾はオスで、メスが卵を出した瞬間に精子をかけている。

では、これら3尾のアユを除いた連中は何をしているのだろうか？

これら「その他大勢」のほとんどはオスであることから、私は長い間、どさくさに紛れて放精している「ふとどきなヤツ」と思っていた。専門書にも同様な解釈が記述されている。

ところが、2001年の秋の魚類学会で、立原一憲さんがまったく異なる観察結果を発表した。立原さんは、これはメスが産んだ卵を食べているのだと言う。にわかには信じがたく、その年、高知の川で産卵が始まると安田川や四万十川に観察に出かけ、産卵の瞬間の写真を撮ってみた。掲載した写真もその中の1枚である。よく見ると、後方の魚はどう見ても放精している様子ではない。メスの体の後方に頭を突っ込んでいるアユは明らかに卵を食べている。よくよく観察してみると、石の表面にくっついた卵をついばんでいるアユもいる。

それにしても意外な事実であった。

ウグイやヨシノボリがこぼれる卵を食べるために集まっているのは知っていたが、まさかアユがアユの卵を食べているとは思いもよらなかった。産卵をしているアユ以外のアユにとっては、同種の卵も自分の子孫を残すための貴重な栄養源ということなのだろうか。

5 6ミリの生き残り戦略――海に下るアユ

産卵されたアユの卵は10日から2週間ぐらいでふ化する。

ふ化したときの体長は約6㎜。体が透明なため、目をこらさなければ見つけることも難しい。お腹には「卵黄」と呼ばれる栄養源を抱えているが、これはせいぜい4日程度しかもたない。そのため、できるだけ早く餌の豊富な海に下る必要があるのだが、自ら泳ぐ力はほとんどない。「浮遊物のように川の流れに乗って流下し海にたどり着く」というのがこれまで定説であった。

しかし、詳しく調べてみると、どうやらそうでもないらしい。1996年に四万十川の赤鉄橋のすぐ上流（四万十市具同《ぐどう》）で、産卵場からふ化した仔アユを一昼夜連続で採集してみた。するとその大部分は午後6時から9時に採集されて、それらは生まれた直後――卵黄の消費の程度から推定して数時間以内――であった。

ところが、深夜から明け方にだけ少数ではあるが、ふ化して2～3日経過したと思われる子どもが

■ふ化直後の仔アユ（お腹の丸いものが卵黄）

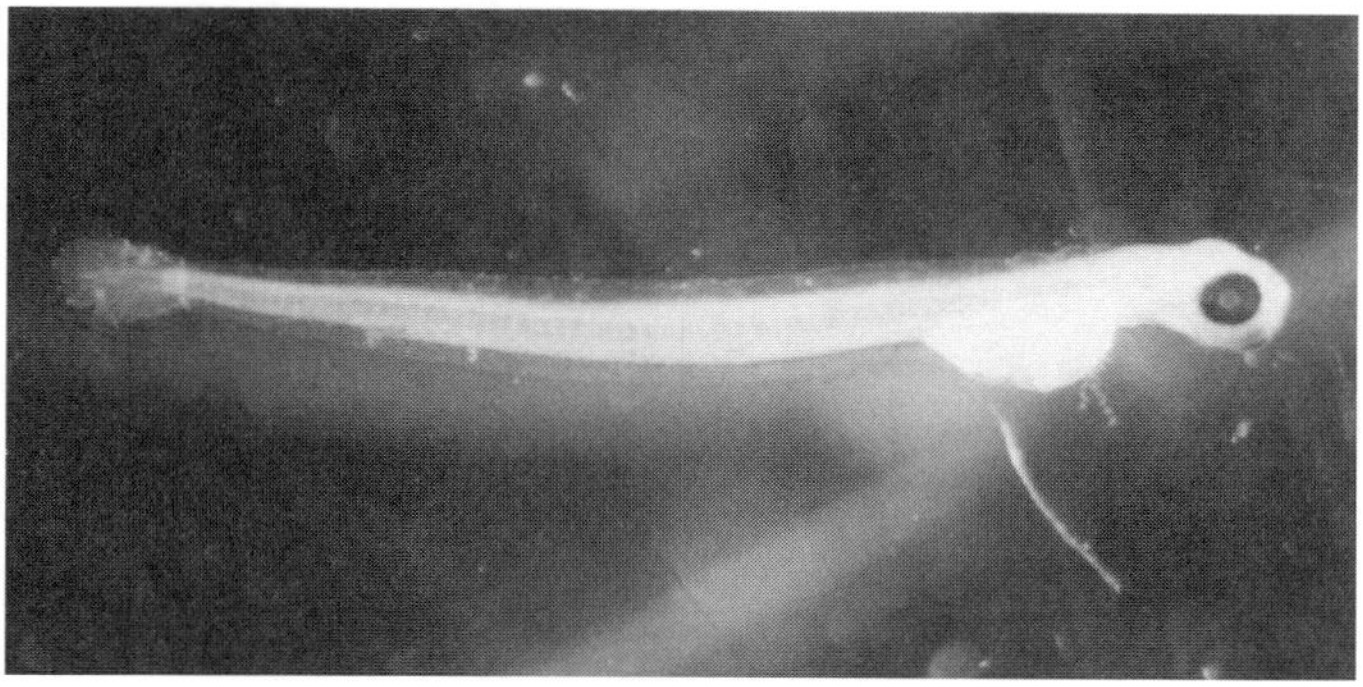

採れた。これらは流下する途中で緩流部に取り込まれてしまって、スムーズに川を下ることができなかったのだろう。

しかし、少し考えてみると、ふ化後数日経過した子どもが特定の時間にだけ採れるというのは、ちょっとおかしい。

もしも、定説どおり受動的に流されているのなら、このような魚（ふ化後数日経過したもの）が採集される時刻はほぼランダムになるはずではないのか？　同じような現象は愛知県の矢作川でも見られたので、特別なものでもないようだ。

結論を急ぐと、この現象は仔アユが「昼間には流下しない」ように努力しているということでしか説明できない。

夜の間に海までたどり着けなかった仔アユは、昼間、流れが緩い場所（例えば淵）の底に一旦沈むことで流れないようにする。そして夕方、まわりが暗くなってくると再び浮上して流れに乗るという行動を取っているらしい。

この想像を裏付けるように、仔アユの体比重は昼間に増大する、つまり沈みやすくなるということが北島力さん（元九州大学）らの実験でも確かめられている。

ふ化直後のアユはメラニン色素をほとんど持たないため、紫外線の悪影響を受けやすい。昼間に川底に沈めば、このような紫外線の影響は避けることができる。さらに、暗闇に紛れて流下することで、外敵に食べられにくいというメリットもあるのだろう。

アユは午後6時から8時の2時間ぐらいに集中してふ化するが、考えてみれば、このことも「夜の間に下る」ことを前提としている。

こうしてみると、仔アユの行動はできるだけ安全に海へと下ることができるように巧みにプログラムされていることがわかる。わずか6㎜の「生き残り戦略」と言えそうだ。

冬

波打ち際がアユのゆりかごとなっている（四万十市平野海岸）

アユの子が海にいることは知られていたが、広い海のどこにいるのかは最近まで謎に包まれていた。

意外なことにアユの子の成育場は波打ち際のような浅い場所であったのだ。

最新の知見が明らかにするアユの前半生。

1 アユは海のどこにいるのか？

魚の中でアユほど研究されてきた種類も少ない。

それは言うまでもなく、わが国の内水面漁業の中心的存在であるからだ。見た目もスマートで気品があり、食味も良い。友釣りなどレクリエーションの対象としても抜群の人気を誇る。

川魚としてのアユの生態についての研究（遡上期から産卵・流下期まで）は枚挙に暇がないが、海での生態（子の時期）については、1980年頃までほとんどわかっていなかった。

もちろんこの間、研究者たちが手をこまねいて何もし

■引き網によるアユの採集

土佐市宇佐町の海岸、2月

てこなかったわけではない。１９６０年代には伊勢湾や瀬戸内海などで昼夜をとおした精力的な調査も行われたが、「アユの子がこの広い海のどこで生活しているのか」を突き止めることはできなかった。その最も大きな理由は、調査船を使って沖合を調べていたためだった。

盲点となっていた波打ち際

１９８２年、土佐湾に面した砂浜の波打ち際（砕波帯）にアユの子がたくさん集まっていることを、木下泉さん（高知大学）が魚類学会で発表した。盲点というべきだろうか。アユがたくさんいた場所は、それまで調べられていた沖合ではなく、船では入ることすらできない岸沿いの波打ち際だった。木下泉さんは、アユが波打ち際に現れる期間やサイズなどについて明らかにした。

この発見をきっかけにして、和歌山、宮崎、高知・四万十川河口周辺、山口、大阪湾、東京湾、富山湾など日本各地の砂浜の波打ち際で相次いで調査が行われた。その結果、地域を問わず、波打ち際のような浅場がアユにとってかけがえのない成育場（保育場）となっていることが裏付けられた。

海での研究のうち、塚本勝巳さん（当時東京大学）たちによる和歌山県での調査は、耳石《じせき》[8]を使った分析を導入して海での回遊を検討した点で注目される。また、田子泰彦さん（富山県農林水産総合技術センター）は、日本海でのアユの分布・回遊についての多くの情報を提供した。

さらに最近の研究で、海に出ないで河口の汽水域（淡水と海水が混じる場所）に留まって、そこで成長するアユの子がたくさんいることもわかってきた。河口域の場合も、海と同様、アユは岸沿いの浅場にたくさんいた。

アユがたくさん見つかったのは、和歌山県・熊野川、岐阜県・長良川、高知県・四万十川といった大河川の河口域だけでない。南日本の小河川の河口域も成育場となっている。岸野底さん（「河川生態調査」代表）は、奄美大島の小河川に生息するリュウキュウアユ[9]の子は、海よりもむしろ河口の汽水域で長期間過ごすことを指摘している。このように、アユが河口の汽水域を成育場として利用することは、南日本では普通に見られることで、河口域への依存は南方ほど強く現れるようだ。

四万十川の調査では、河口域に住むアユは海に住むものよりも成長が良いことも明らかにされている。河口域は、アユにとってなかなか良い成育場らしい（詳しくは１０１ページ）。これまで河口域は、アユが海との行き来をする際の単なる通過点としてとらえられていたが、成育場としての役割も見落としてはならない。

研究とはおもしろいもので、誰もが思いつかなかったような発見がきっかけとなって、飛躍的に進む場合がある。そうした発見に出合えるのは研究の醍醐味でもある。

ここで紹介したように、アユの子についての研究は、波打ち際という成育場の発見が突破口となって大きく前進したと言える。

2　どうやって浅所へ移動するのか?

①河口域の場合

１９８５年から四万十川の河口域で始まった調査では、月1回、流心部（沖）と岸沿いで採集用のネットを引くことから始めた。初期の目的は、どこに、どれぐらい、どんなサイズのアユがいるのかを探ることにあった。

流心部では生まれて間もない体長7㎜以下の仔アユを秋から冬にかけて大量に採集できた。これらはまだ遊泳力に乏しく、流れに身を任せ、流心部を中心に河口域のほぼ全域に分散していた。

一方、河口域の浅所で網を引くと、体長10～40㎜のアユ（次ページの写真）が大量に採集された。河口周辺の波打ち際で採れたアユと比較すると、採集される時期やサイズに河口域と海域で大きな差はなかった。つまり、河口域には、海とほぼ同様の生活様式を持つ「海に出ないアユ」がいることがわかってきた。

■四万十川河口域で採集したアユの仔稚魚

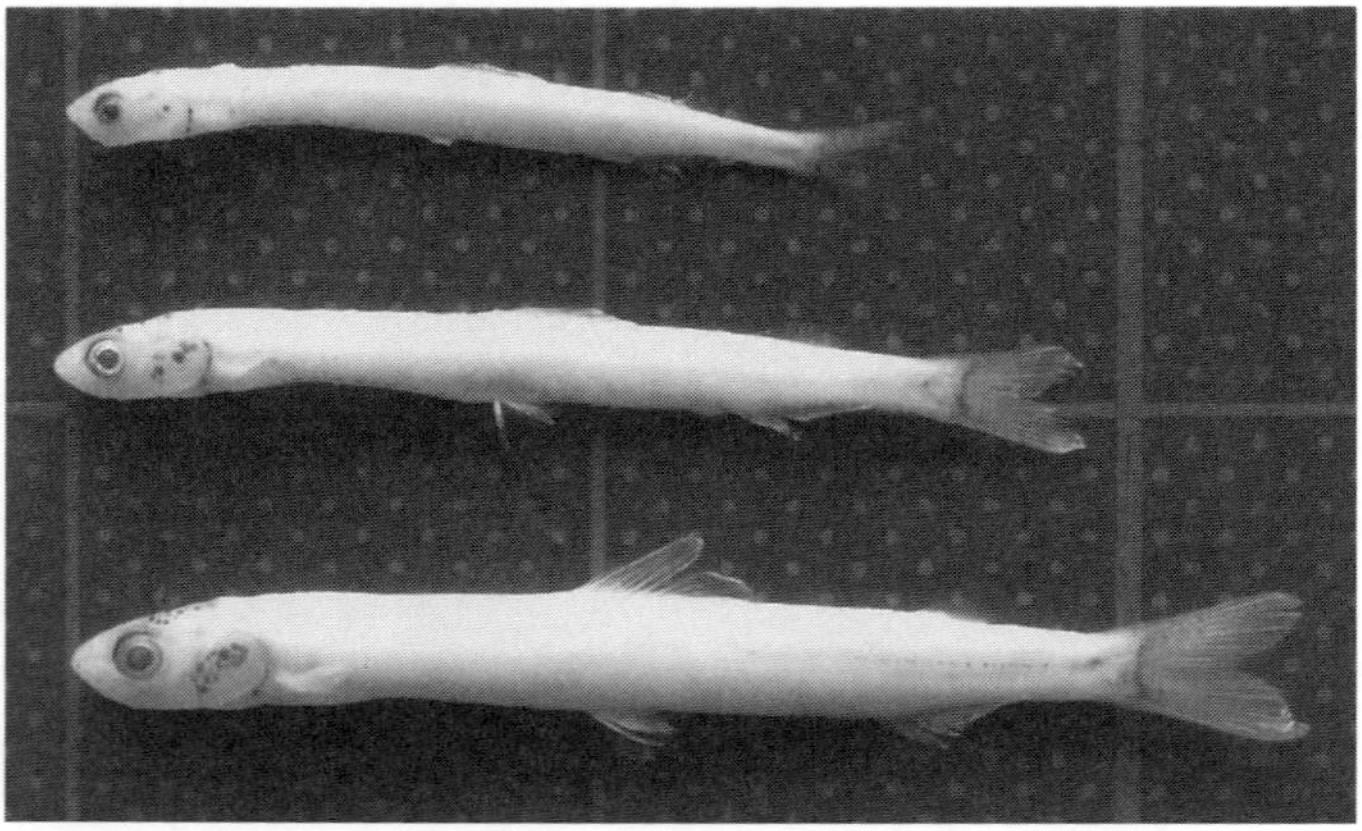

このようにして、調査開始から2年ほどで河口域でのアユの大まかな生活史は把握することができ、調査は順調に成果をあげたかに見えた。ところがデータを詳細に検討するうちに、わからないことも次第に増えてきた。

接岸前のアユはどこにいる？

河口域の流心部と岸沿いの浅所で採集されたアユの体長組成を重ね合わせてみると（図）、流心部では体長7・0㎜以下のものが大部分で、7・5㎜を超えるものはほとんど出現していない。これらは卵黄を持ったいわゆる流下仔アユである。一方、岸沿いの浅所では5・0〜7・5㎜までのものと9・5㎜以上のものが採集された。流心部と同様に流下仔アユが一部含まれていたが、10㎜を超えるものが多い。これら2つの水域の体長組成から、河口域に流下してきた仔アユは流心部付近を漂った後、10㎜前後に成長すると岸沿いの浅所に接岸してい

図　河口域において稚魚ネット（流心部）と小型引き網（岸沿いの浅所）によって採集されたアユのサイズ

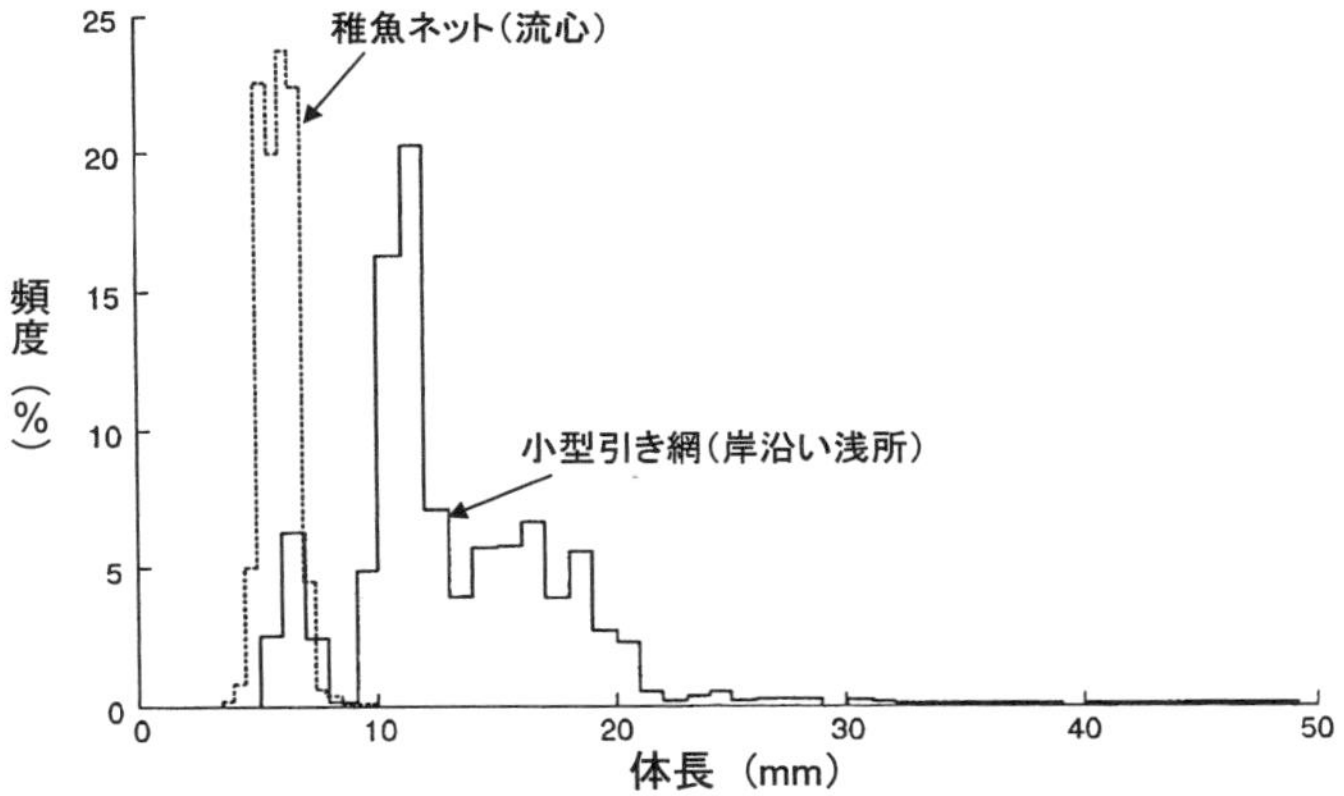

る様子が読み取れる。

しかし、詳細に見ると接岸前の体長７・５〜９・５㎜のものは流心部でも岸沿いでもほとんど採集できない。わずか２㎜（日数では１週間程度）とはいえ、まったくといってよいほど採れないのである。サイズに若干の違いはあるものの、海においても接岸前のアユの生息域が不明であることを塚本勝巳さんが報告していた。

河口域において接岸直前の仔アユが採集されない理由としてまず考えられたのは、接岸前に大部分のアユが一旦海に出てしまい、10㎜前後に成長したものから河口域へと入ってくるということであった。そこで海域と河口域の出入りを確認するために、１９９０年12月に河口部で24時間の連続採集を行った。その結果、海に出たアユが再び河口内に入ってきている様子はなく、接岸前のアユはやはり河口域のどこかに生息していると判断された。

塚本勝巳さんは、接岸前の「未知の生息域」は底層にあるのではないかと想像していた。一方、私たちはそれまでの調査で、底層を含め河口内でくまなく採集を行っていた。このようなことから、接岸前のアユはかなり特殊な場所にいることが想像され、さらに、それは通常のネットでは採集できないような「近底層」(底すれすれの層)ではないかと考えた。そこで、「近底層」の採集が可能なソリ付きのネットを作成し、新たな調査を行った。

その結果、問題のサイズのアユ――体長7・5〜9・5㎜――は近底層から多数採集された。これまで不明であった接岸前の「謎の生息場」は、やはり「近底層」にあった。ソリを付けたネットでないと採集できなかったことから想像すると、この時期のアユ仔魚は川底に密着するような特殊な形で分布しているようだ。

どのような仕組みで近底層へと集まるのか?

それを解く鍵の一つはアユ自身の体にあった。底層へ集合する時期は、仔アユがそれまで栄養源としていた卵黄を吸収し終わる時期と一致していた。仔アユの体比重はもともと海水よりも大きいが、卵黄吸収後にはさらに大きくなる。どうやら自然沈降するような形で河口域の底層へと集まるようである。

底層部は表層に比べて河川流や潮汐流の影響を受けにくい。そこに集まれば、遊泳力がきわめて弱い仔アユでも大きく分散してしまうことはなくなり、河口域への残留が可能となるようだ。

その後の調査から

筆者らが四万十川の河口域での接岸前の底層分布を報告した後、いろいろな水域で調査が進み、分布に関する情報が増えてきた。整理してみると、四万十川河口域と同じような底層分布は太平洋岸で多く報告されているものの、太平洋岸でも表層分布の報告もある。一方、日本海側では富山湾のように表層経由で接岸しているケースが多いこともわかってきた。現在調査している日本海側の河川の河口域では、底層に分布したり、表層に分布したりと一定の傾向がない。仔アユが河口域に流下した時の物理的な条件（河川水と海水の混合状態）に左右されているようである。

合理的な説明ができたと思っていた四万十川河口域での底層分布であったが、アユにとってはそれほど重要なことでもないようで、その水域の物理条件に身を任せてうまくやっているというのが真相かもしれない。

②海の場合

土佐湾では、秋風が肌寒くなり始める10月末～11月初めになると、水深１ｍにも満たない波打ち際の浅場にアユの子が集まり始める。

波打ち際に集合し始めるサイズは約10㎜で、毎年ほぼそろっている。その後次第に数が増え、11月下旬〜12月中旬頃に最も多くなる。その頃の平均サイズは15㎜程度で、波打ち際で大きな群れを作っている様子を水中で観察できるようになる（詳しくは62ページ）。

ところで、どうして毎年ほぼ同じサイズで波打ち際にやってくることができるのだろう。

もし、アユの子が川から海に流下してから、受動的に（沿岸流に流されて）波打ち際に運ばれてくるのであれば、海に流下したふ化直後のほとんど遊泳力のないアユ（約6㎜）が波打ち際でたくさん採れてもおかしくない。サイズもまちまちである方がむしろ自然であるように思える。ところが、アユの子は毎年ほぼ同じサイズで波打ち際にやってくる。このことは、アユが岸の浅場に近づく過程が偶然の結果ではないことを想像させる。

アユは、いつどのように岸に近づいてくるのだろう？

このことを知るために、高知県の下ノ加江《しものかえ》海岸（約500mの砂浜。写真）でアユが岸に近づくプロセスを調べてみた。

方法はこうだ。下ノ加江海岸の沖（水深約5m）で、円錐型の採集ネットを使って水深別（表層・中層・底層）のサンプリングを3時間ごとに昼夜をとおして行った。ネットは、海岸と平行にボートを使って約500m引いた。こうすれば、沖から岸に近づいてくるアユをどこかで採集できるはず

■アユの成育場となっている下ノ加江海岸

だ、と考えたわけである。

ところが、日中にはほとんどアユは採れず、夜に入っても相変わらずさっぱりといった状態が続いた。時間ばかりが過ぎて、ほとんど諦めかけていた矢先のことだった。真夜中の午前零時（干潮時）に、底層で突然アユらしきシラス[10]がたくさん採れた（次ページの図）。それは、紛れもなくアユの子だった。

アユの大半は底層で採れた（総尾数の約80％）。その中には、10㎜以下の、波打ち際で採れるアユより小さなものもたくさん混じっていた。このようにして、接岸前のアユは、夜間の干潮時に砂浜沖の底層に集まることがわかった。

ただし、沖に向けて水深別に調査ラインを設けていなかったので、どのくらい沖（または水深）で底層に移動するのかはわからなかった。富山湾では、沖合の表層でも波打ち際と同じサイズのものが採れ

図　下ノ加江海岸沖でのアユの層別採集結果

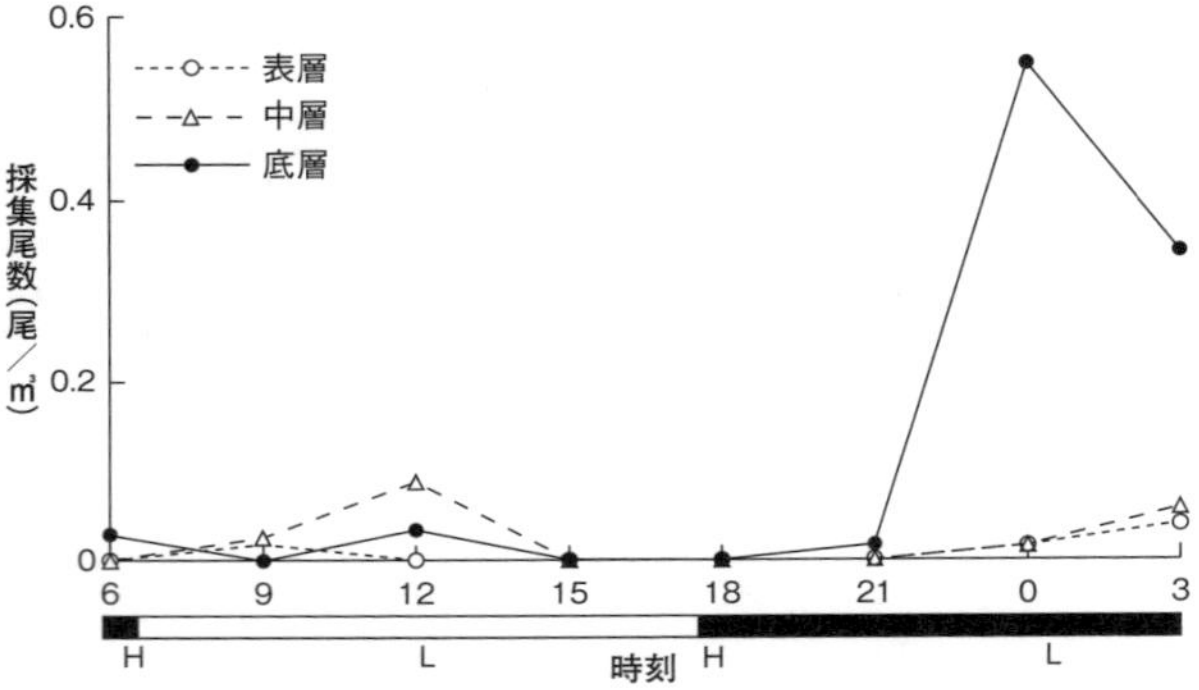

横軸の黒い部分は夜間、白い部分は日中を示す。Hは満潮、Lは干潮を示す
（東、2005を改変）

ている。このことを考えると、海に流下したアユは基本的に表層を経由して岸に向かって運ばれるが、波打ち際のすぐ沖まで来ると、（群れを作れるようになるまで）底層に集まるのではないだろうか。

誕生日を調べる（耳石《じせき》の話）

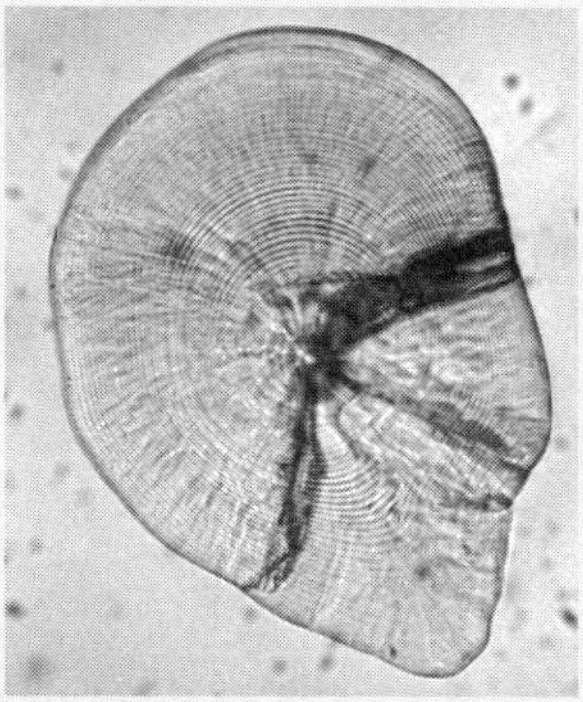

アユの耳石

アユの内耳（頭の後ろの方にある）には「耳石」という炭酸カルシウムなどの沈着によって形成された硬組織がある。生まれたばかりのアユの耳石は直径が30マイクロメーター程度で、肉眼では見えないほど小さい。

取り出して顕微鏡で拡大してみると、そこには木の年輪のような輪紋が刻まれている。この輪紋はふ化してから1日に1本ずつ刻まれる「日周輪」で、それを数えればふ化後の日数を知ることができる。採集日から逆算すれば誕生日も特定できるなど、アユの生態を研究するうえで貴重な情報が得られる。

最近は耳石に取り込まれたストロンチウム（ストロンチウムは海水で多く、淡水で少ない）の含有量を分析することで、海水中に生息していた日数や河口に入った時期まで解析することができるようになっている。

人工種苗の耳石を調べていて、高い確率で奇形が出てきたことがある。たまたまだろうとは思うが、聴覚や平衡感覚に関わるものだけに、種苗性にも関係するのではないかと気になったことがある。

3 稚魚の群れ

海で生活する時期のアユにとって、波打ち際のような浅い場所、例えば砂浜海岸の水深１ｍ程度の所が重要な成育場所となっていることを先に紹介した。

潜って観察してみると、波打ち際や河口域の浅所に接岸したアユの子どもは、数十から数百尾で群れを作って行動している。１つの群れを作っているアユの体長はふるいにかけたように均一で、近くに体長の違う群れがいても、混じり合わない。体長がばらばらだと遊泳力が違いすぎて、うまく群れることができないためなのだろうが、それにしても広い海で同じサイズ同士がうまく巡り合えるものだと感心する。

アユの香りにまつわる誤解

波打ち際で網を使って採集していると、数百尾のアユが一度に採れることがある。そんなとき、網

■群れを作って行動するアユの仔稚魚

土佐市宇佐町の竜の浜、1月

を水からあげると、アユの香りがする。

一般には釣りたてのアユが持つスイカのような独特の香りは、アユが食べた藻類（コケ）に由来すると信じられている。「この川はコケがいいからアユの香りが違う」といった自慢話もよく耳にする。

残念ながらこれは誤解で、海で動物プランクトンを食べているアユの稚魚もやはりアユの香りがする。アユの香りというのは、実は食物とは直接的には関係なく、そのもとになっているのは不飽和脂肪酸が酵素によって分解された後にできる化合物であることも確かめられている。

なぜ接岸するのか？

話を元に戻すと、アユの接岸行動は四万十川の河口域やその周辺の海域では体長が10㎜ぐらいから始まる。まだ遊泳力は弱いため、どのようにして接岸しているのか――例えばどうやって岸の方向を知るのか？――は興味の涌くところである。

海や河口域では普通に見られるこの接岸行動も、湖やダム湖に陸封[11]されたアユでは生じないか、生じたとしてもかなり成長してからになる。少なくとも体長10㎜前後では岸近くよりも沖の方で採集されることが多い。

この事実は、海や河口域で見られる接岸行動というのは、塩分の濃淡（沖で濃くて岸で薄い）あるいは干満といった海に特有の要因を巧みに利用した行動であるということを想像させるが、はたしてどうだろうか？

本当のところはいまだにわからないままになっているものの、接岸する目的については検討されていて、浅い場所を生息場とする理由の一つとして、大型の捕食者から逃避するための機能を指摘できるだろう。

私がアユの調査を行ってきた四万十川河口域では近年護岸工事が進み、かつてアユを採集した浅瀬はずいぶん失われた。

私たちには何の変哲もないように見える場所――例えば岸寄りの浅所――でも、ある種の生物にとってはかけがえのない場所であるということは、ほかにもたくさんあるように思う。

4　海で何を食べているのか？

川の中ではもっぱら藻類（コケ）を食べるアユも、海にいる子どもの頃はかいあし類[12]に代表される動物プランクトンを主食にしている。

波打ち際に住んでいるアユの稚魚の食性[13]を調べた浜田理香さん（元西日本科学技術研究所）と木下泉さんはアユの摂餌率（餌を食べていた個体の割合）がイワシ類のシラスに比べてかなり高いことに注目した。というのも沿岸域に広く分布しているイワシ類のシラスでは摂餌率が20%程度であることが多い。ところが、アユの稚魚は80～100%もの摂餌率となっていたのである。アユの稚魚が住んでいる波打ち際のような浅い水域は、稚魚にとってかなり都合の良い餌場でもあるらしい。

魚を喰うアユ！

四万十川の河口域で生活しているアユの稚魚のお腹の中身を調べてみると、やはりかいあし類に代表される動物プランクトンが主食となっていた。その中で、体長20㎜を超えると生まれたばかりのミミズハゼの仲間を食べている個体が見つかる。おもしろいことにそういったアユの稚魚はプランクトンをほとんど食べていない。どうやら河口域に住んでいるアユにとって、ミミズハゼの子は「美味しい」餌で、それを見つけると選択的に食べているようだ。

こういったようにアユの稚魚が魚を食べているという報告はあまり例を見ないが、1942年に鈴木順さん（当時東京都水産試験場）が静岡県で採集した体長60㎜以上のアユがシロウオと仔アユ（つまり共食い）を食べていたことを報告している。これと比較してみると、四万十川河口域のアユは体長20㎜ぐらいからミミズハゼを食べており、そのサイズはずいぶん小さい。ミミズハゼの子のように口に入る手頃な大きさであれば、好んで食べるということだろうか。

四万十川河口域のアユは周辺の海に住んでいるアユよりも子どもの頃の成長が良い。そういった高成長の一因として、ミミズハゼのような河口域に特有な餌の存在があるのかもしれない。

5　波打ち際でのアユの生活

①どのくらい波打ち際にいるのか？

砂浜の波打ち際にやってきたアユは、波打ち際にどのくらいの間いるのだろう。このことを知るためには、同じ場所で定期的なサンプリングをする必要がある。そこで、1990年11月から91年4月まで、高知県の手結《てい》海岸にほぼ5日ごとに通って、引き網を使ったアユのサンプリングを繰り返した。

調査期間をとおして、1網当たりのアユの量は大きく変動した。11月中旬から12月中旬までの1ヶ月間はとても多くて、この1ヶ月だけで総尾数の約90％が採れた。その後、2月頃まで仔アユの量は少なくなった。3月下旬から4月にかけて、短い期間ではあるが再びアユがたくさん採れた。こうした季節変化は、木下泉さんらによる先行研究と一致した。

仔アユが波打ち際にどのくらいいるのかは、耳石を使って日齢を調べれば推定することができる。

採集日ごとにアユの日齢を調べてみたところ、ふ化した時期によって波打ち際にいる期間（滞在日数）が変化することがわかった（図）。

去るべきか、留まるべきか

ふ化時期と滞在日数の関係を整理すると、11月中旬までにふ化したアユ（前期群と呼ぶ）の場合、波打ち際での滞在日数は約1ヶ月と短かった。ところが、11月下旬から1月までにふ化したもの（後期群）の滞在日数は約3～4ヶ月と長くなった。そして2月以降にふ化したもの（末期群）の滞在日数は約1～2ヶ月間と再び短くなった。

ふ化日の異なる3つのグループは、波打ち際で採れる量もかなり違っていて、前期群の量が圧倒的に多く、次いで末期群が多く、後期群は最も少なかった。

このように、アユの波打ち際での滞在日数は、ふ化日によって変わることがわかった。ところで、このような変化はどうして起きるのだろう。

この問いに対する1つのヒントは、波打ち際でアユが多く採れる時期は滞在日数が短いということだ。波打ち際にアユが多い時期には過密状態となりやすく、餌などをめぐって競争が起きやすい。こうした過密状態の時期は、波打ち際から早く（短期間で）移動した方が得策だろう。逆に、アユが少ない時期には、密度も低いので、長期間波打ち際に留まることができるようになると考えられる。な

図　手結海岸で５日ごとに採集したアユのサイズ、日齢、ふ化日の推移

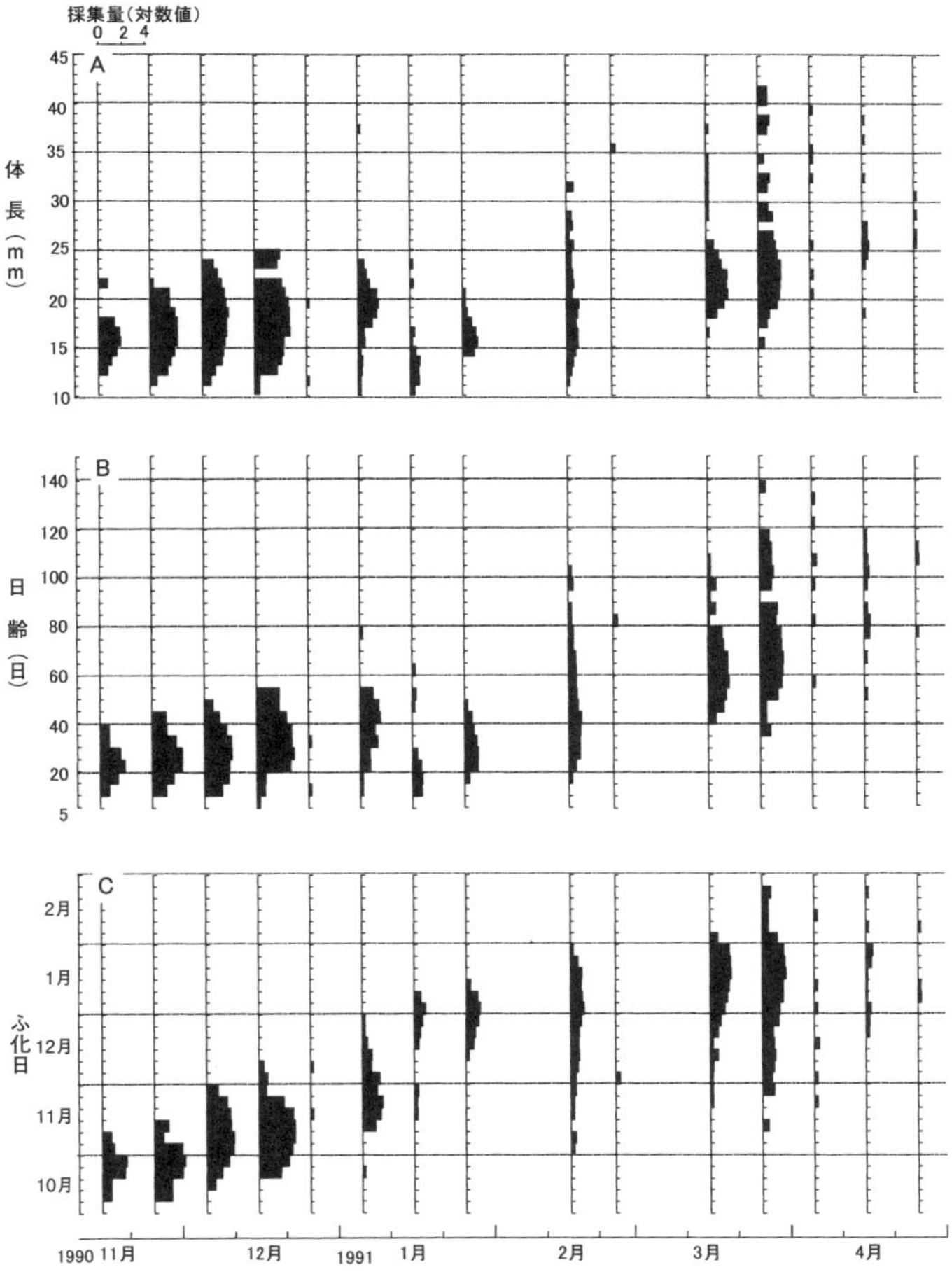

黒棒の長さで採集量を示している（Azuma et al., 2003を改変）

お、「末期群」については、密度よりも春季の水温の上昇によって海での生活期間を短く切り上げなければならないという事情があるのかもしれない。

②昼と夜の違い

普通、生物の生態は昼と夜でずいぶん変わる。

日中波打ち際に集まっていたアユの子たちは、夜にはどうしているのだろう。波打ち際からいなくなるのだろうか？

このことを確かめるために、高知県の下ノ加江海岸で、24時間調査をやってみることにした。1995年11月から96年3月まで、毎月1回、朝8時から翌朝8時にかけて、2時間ごとの引き網によるサンプリングをしてみた。アユの動き（離接岸）を知りたかったので、波打ち際ぎりぎりのラインで網を引いてみた。

結論から言うと、やはり昼と夜の分布パターンはまったく違っていた。

日中のアユの採れ具合は、潮時によってかなり変動した。満潮時にはたくさん採れたのに、干潮時にはほとんど採れなくなった。日中は群れを作るので、日中に採れ具合が大きく変化したのは、群れで移動（離接岸行動）しているためだろう。

一方、夜間は潮時と関係なく、毎回コンスタントに採れた。これは日中の結果とまったく違う。

■仔アユの鰾の状態（いずれも夜間に採集、体長約15㎜）

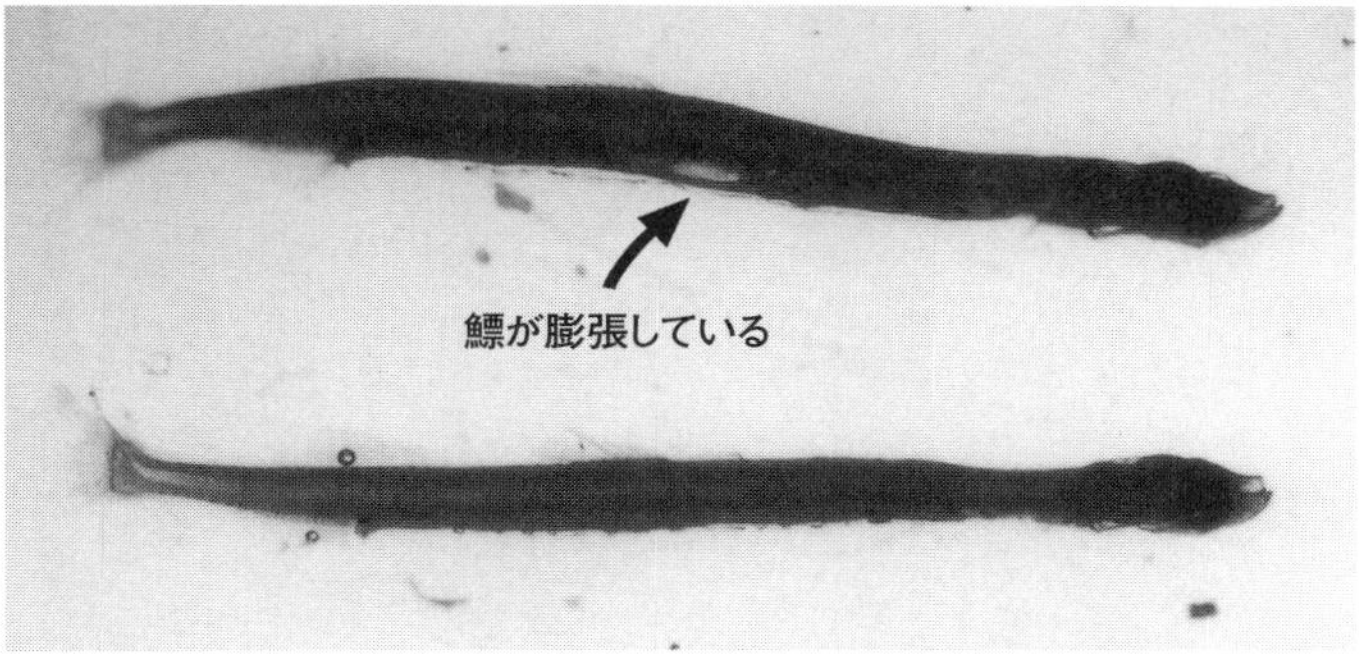

夜間の結果は、どう解釈したらよいのだろう。

飼育池では、日中に群れていた仔アユが夜間になると分散して池全面に一様に分布する様子が観察されている。私自身も、集魚灯採集の折に、ほとんど動かずに海面に漂っているアユを見たことがある。夜になると、アユは鰾《うきぶくろ》に空気を入れて比重を軽くすることも知られている（写真）。こうした情報から、夜間には群れを解消して分散するのではないかと思われる。

不思議なのは、アユ自身が能動的な動きをしていないのに、夜が明けるまでコンスタントに波打ち際で採れ続けたことである。このことは、夜間に分散したアユは岸へ向けて運ばれてくることを示している。そのうえ、波打ち際まで来ると、打ち上げられないような仕組みがあるようだ。

このように、夜間の分散した状態にあっても、アユ自身が岸沿いに身を寄せる術を持っていることは興味深い。夜間に活動を停止して浅場に分散することによって、大型の捕食者と出合う危険を減らせるというメリットがあるのかもしれない。

■下ノ加江海岸での昼と夜のサンプリングで得られた仔アユ

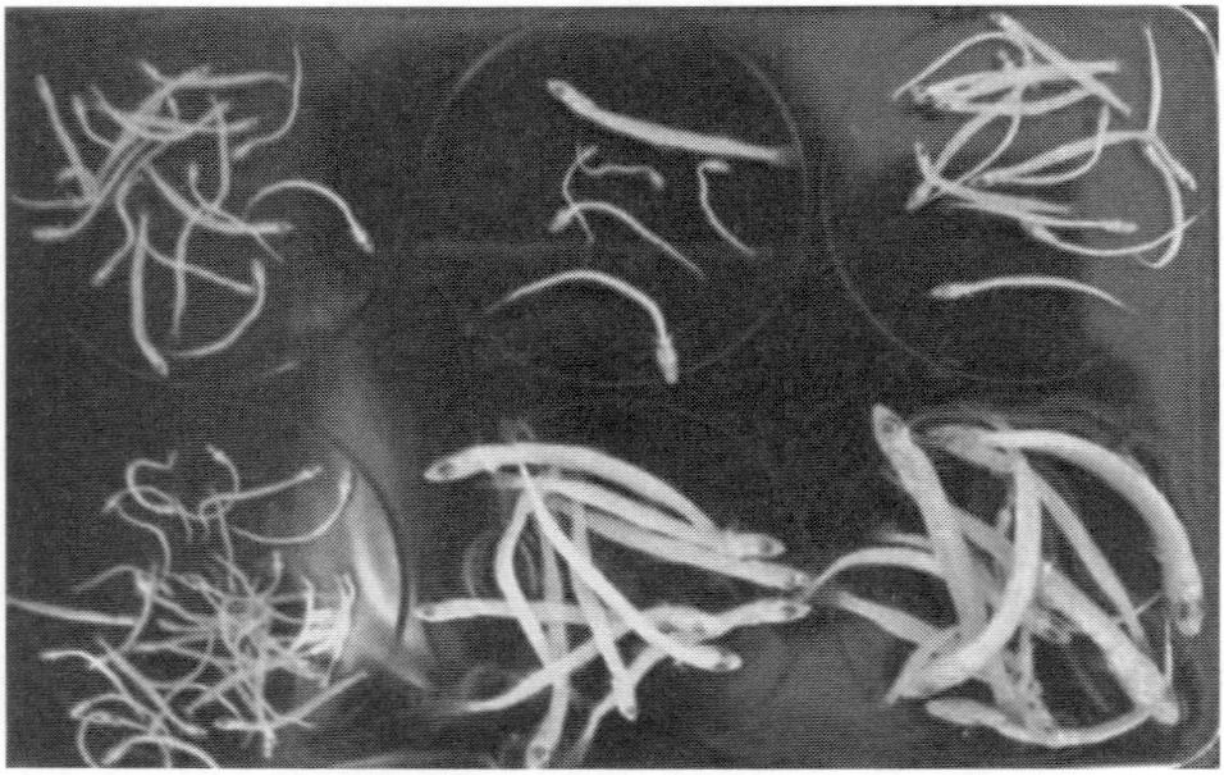

もう一つ興味深いのは、日中と夜間のサイズの違いだ。

12月には、日中と夜間の仔アユのサイズはほぼ等しかった。それらはほとんど11月生まれであった。1月と2月の日中に採れた仔アユは、12月とほぼ同サイズで、12月生まれが主体であった。ところが、1月と2月の夜間に採れた仔アユは、日中に採れたものとは一見して別物とわかるぐらい大きく、11月生まれが含まれていた（写真）。このことから1月と2月の夜間に採れた大きな仔アユは、12月の小さな仔アユが成長したものであることがわかった。

手結海岸での5日ごとの調査から、波打ち際の滞在日数は、ふ化日によって3グループ（前期群・後期群・末期群）に分けられた。その中で、ふ化日の早い前期群は短期間（約1ヶ月）

しか波打ち際に留まらないことを述べた。

下ノ加江海岸で行った昼夜調査においても、日中の調査では前期群（11月生まれ）に相当するものは短期間（１ヶ月間）しか採れなかったが、夜間には長期間（３ヶ月間）採れた。この事実は、前期群の中には、日中には波打ち際から離れるものの、夜間には再び波打ち際に戻ってくるものがいることを示している。彼らは日没直後に採集されたことから、日中は波打ち際からそれほど離れていない浅海域にいたのではないかと考えている。

このように、アユの子たちは波打ち際という大切な成育場を、季節的・日周的に入れ替わりながら長い期間利用していると言える。

骨だけになったアユ

下ノ加江海岸での夜間調査で、日中の調査ではそれまで一度も目にしたことのない光景に出くわした。夜間に採れたアユをバケツに集めていたところ、バケツに沈んだアユの一部が骨だけの姿に一変してしまったのである。

犯人の正体はすぐわかった。懐中電灯でバケツの底を照らすと、甲殻類の仲間である等脚類[14]（ワラジムシ類）がアユに食らいついていたからだ。わずか5分かそこらの間に骨だけにしてしまうというすさまじさ。弱ったアユがいれば一発で食べられてしまいそうである。昼間にはまったく採集されなかったので、彼らは夜行性らしい。手元のプランクトン図鑑で調べてみると、やはり夜間に泳ぎだす習性があり、死んだ魚肉などを食べるらしい。

等脚類のような腐食性[15]の甲殻類が生きたアユを捕食するかどうかは不明だが、あの獰猛《どうもう》さを目の当たりにすると、その可能性もあるかもしれない。

③地域による違い

アユの子が波打ち際で生活する期間はどこでも同じというわけではない。例えば、富山湾の砂浜海岸では10月から1月までの4ヶ月間しか波打ち際にいない。一方、温暖な土佐湾では10月から5月までの7ヶ月間波打ち際で採れる。地域によって3ヶ月も違う。

こうした違いはどうして生じるのだろう。

田子泰彦さんによると、富山湾に面した砂浜の波打ち際では、真冬の水温が10℃以下まで低下すると、波打ち際から浅海域に移動するということである。

和歌山県は南北に長く、北は大阪湾に面し、南は本州最南端の潮岬に続く。北部は瀬戸内海（低水温・低塩分）の影響が強く、南部は黒潮（高水温・高塩分）の影響が強い。南北間で水温条件が違うため、アユの出現パターンを比べるには好都合である。

1999年から2002年まで、和歌山県一帯の波打ち際で、引き網を使ってアユをサンプリング

図　和歌山県沿岸における仔アユの採集地点

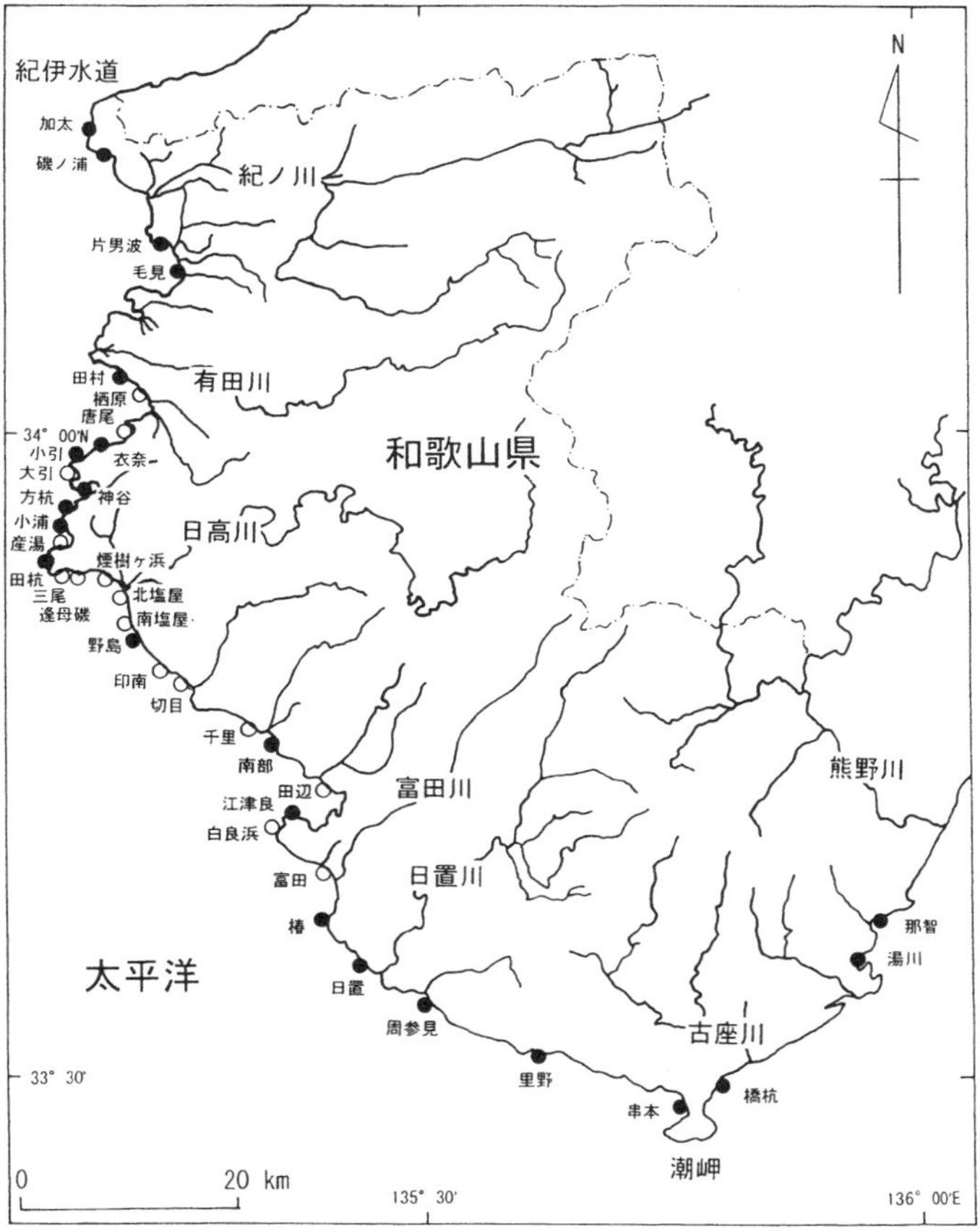

○は1999～2000年、●は2000～2002年の地点（東、2003）

して回った。この調査は、当時東北大学におられた谷口順彦さん、池田実さんと共同で始めた。私たちのテーマは、波打ち際でのアユの出現パターンを探ることだった。

調査した範囲は、大阪湾に近い加太《かだ》から三重県境に近い那智《なち》までの長い海岸線である（前ページの図）。調査地の多くは砂浜だった。

10月と11月では、水温は南北間でほとんど違わなかったが、12月以降になると、南北間で水温の違いが大きくなった。最も水温が低下した2月では、北端の加太では9℃前後まで低下したのに対して、黒潮の影響が及ぶ白良浜以南では14℃以上あり、約5℃の水温差が見られた。潮岬の東側に回るとわずかに水温が低下した。潮岬から東側は黒潮の影響が及びにくいのかもしれない。

加太周辺では、仔アユは11月から1月までしか採れず、2月以降は1尾も採れなかった。冬場に水温が10℃以下に低下すると、仔アユの姿が波打ち際から消える点で、田子泰彦さんによる富山湾での調査と一致していた。一方、そのほかの地域では2月以降も引き続き採れた。

どうやら、水温が10℃以下まで低下する地域では、波打ち際での生活期間が短いようである。

こうした違いが生まれるのは、アユ自身の波打ち際からの移動のほかに、アユのふ化期間の長さも関係しているのではないかと考えている。

海での生活期間を決めるもの

富山湾に流入する川では、アユのふ化は9月に始まり、12月には終了する（約３ヶ月間）。温暖な高知の川では10月から2月まで続く（約４ヶ月間）。ふ化期間が長く（遅くまで）続くぶん、土佐湾の波打ち際ではアユが長く姿を見せるのだろう。

アユの海での生活期間（依存度）は、冬場水温の低い北日本で長く（高く）、水温の高い南日本で短い（低い）。一方、河口域での生活期間は南日本で長いようである。岸野底さんらによると、奄美大島のリュウキュウアユは海よりも河口域に対する依存度が高く、その理由は海の水温が高くなるためであるという。

このように、アユの海への依存度は水温の南北差（緯度的傾斜）と深い関わりがあるようだ。

アユの子が海で生活することの意義を考えたとき、餌が豊富で暖かい海で越冬することのメリットの裏側には、外敵の多い海で生活することのデメリットもあるかもしれない。波打ち際に代表される「浅所」という成育場は、木下泉さんが指摘されているように、餌や天敵といった自身の生き残りに関わる課題をバランスよく解決できる場所なのだろう。

6 海での分布と広がり――川を離れた仔アユの行方

①河口での残留と海への流下

高知県下ノ加江海岸には、流程約30㎞の下ノ加江川が流入している。小さい川だが、河口の水深は５ｍぐらいあって、汽水域が発達している。この川の河口域（写真）にもアユの子が住んでいる。

河口域と海の双方でアユをサンプリングすることによって、アユが河口域と海をどのように利用しているのかが見えてくるのではないだろうか。そう思って、下ノ加江川の河口域と、河口に隣接する下ノ加江海岸の２ヶ所で、１９９６年

■アユの子が住む下ノ加江川の河口域

図　下ノ加江川河口域および周辺の海岸における集魚灯によるアユの採集量

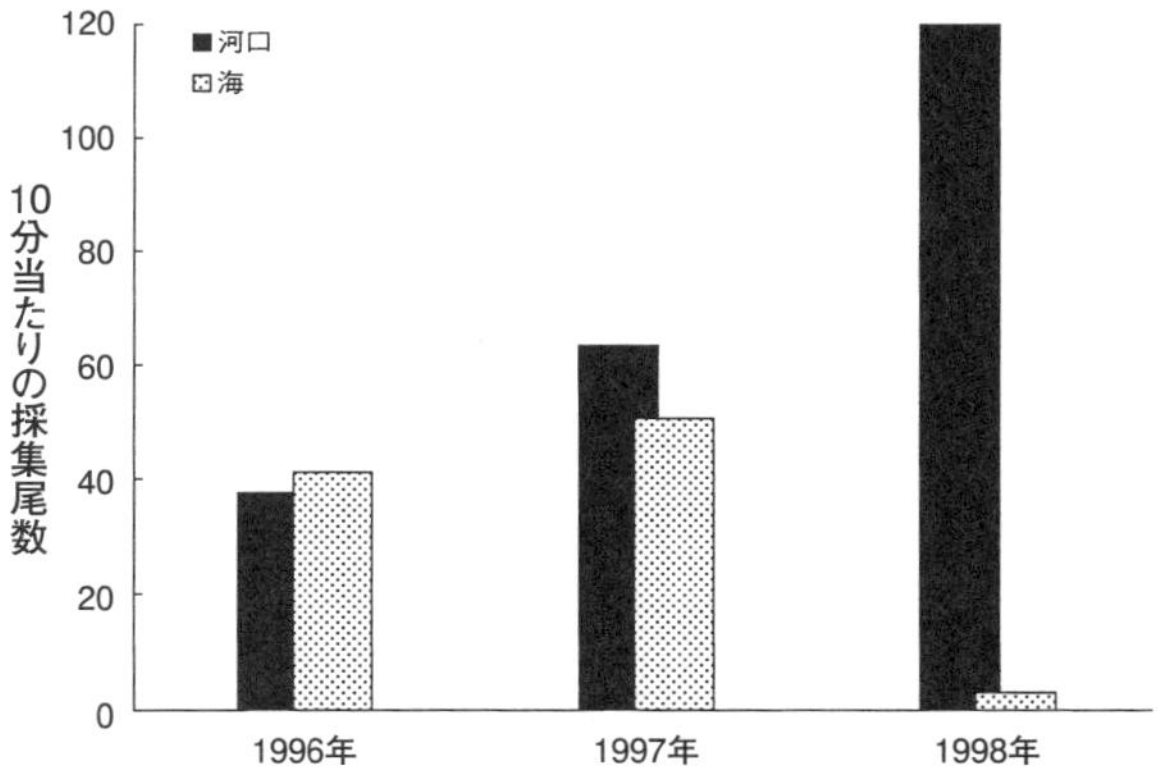

（東ほか、2003を改変）

から99年までの3年間に（主に12月から3月まで）、集魚灯を使ってアユをサンプリングしてみることにした。

1年目と2年目には、河口域でも下ノ加江海岸でもたくさんのアユが採れた。ところが、3年目の調査では、河口域ではたくさん採れたのに（3年間で最高）、下ノ加江海岸では皆無と言ってよいほど採れなかった（図）。3年目に河口域と下ノ加江海岸で仔アユの採れ具合が大きく変わったのはなぜだろう。

3年間、調査の行き帰りに下ノ加江川を眺めていて気になっていたことがあった。3年目には秋から冬にかけてほとんど雨が降らず、河川流量[16]は極端に少なかった。ひょっとすると、流量が少ない年には流下仔アユを海へ押し出す力が弱まるために、仔アユが河口内に残留しやすくなるのではないだろうか。

下ノ加江川では、ふ化した仔アユの大部分は11月と12月に流下し、そのピークは11月下旬だった。仔アユの大半が流下した期間（11月から12月までの2ヶ月間）の降水量を調べてみると、予想したとおり、1年目と2年目では、156～201㎜と多かったのに対して、3年目は43㎜と前2ヶ年の20～30％程度に過ぎなかった。この年に下ノ加江海岸でアユがほとんど採れなかったことを考え併せると、ふ化期間の流量が少ない年には、海へ流下する仔アユの割合が減って、河口域に留まるアユの割合が増えることが考えられる。

河口域が成育場となり得る河川では、仔アユの河口域での残留と海域への分散の程度は、ふ化期間中の流量によってかなり変動する可能性がある。

②海での分布の広がり

河口から海に出たアユは、どれくらいの範囲に分布するのだろう。

このことについて、和歌山県沿岸で1999年11月から2000年1月にかけて調べてみた。この年は、県中部の日高《ひだか》川周辺の海岸を重点的に調べた。

11月の調査では、日高川に近い地点でまとまって採れた以外は、ほとんどの地点で数尾程度と少なかった。12月になるとどの地点でもいっせいに多くのアユが採れた。アユの量も一気に増えて、11月の約80倍に達した。１月の量は、12月の約４分の１に減った。月ごとに見ると、日高川に近い地点（河口からおよそ10㎞以内）では11月から１月までコンスタントにアユが採れたが、日高川から遠く離れた海岸（15～20㎞）では盛期（12月）にはたくさん採れたものの、１月にはほとんど採れなかった。

注目されるのは、日高川から岸沿いに15～20㎞も離れた海岸でたくさんのアユが採れたことだ。行き着いた海岸の近くにはアユが上れそうな川もなかった。海に流下してから波打ち際にやってくるまでにアユはかなり広く分布するようになるようだ。

それでは河口から沖合にはどのくらい分散するのだろう。和歌山や富山湾での調査によると、沖合２・５㎞程度までの範囲で仔アユが採れているが、それより沖合ではほとんど採れていない。木下泉さんのグループによる土佐湾の調査でも、沖合への分散は３㎞沖までにほぼ限られている。

これらの情報と和歌山で行った調査を考え併せると、海に流下したアユの多くは、沖合にはあまり遠くまで分散しないものの、岸に沿った広がりは大きく、沿岸流に乗ってかなり輸送されるようだ。日高川から20㎞近く離れた地点でも約10㎜（ふ化後約10日）の小さなアユが採れたことや、12月にはすべての地点でアユが採れたことなどを考えると、20㎞程度の距離でも短期間で運ばれるようだ。それにしても、広い海でうまく海岸に行き着く能力には脱帽する。

アユのふ化日を地点ごとに比べてみると、10月と11月に生まれたものは、日高川河口近くの地点か

図　和歌山県中部沿岸の波打ち際におけるアユのふ化月別分布パターン

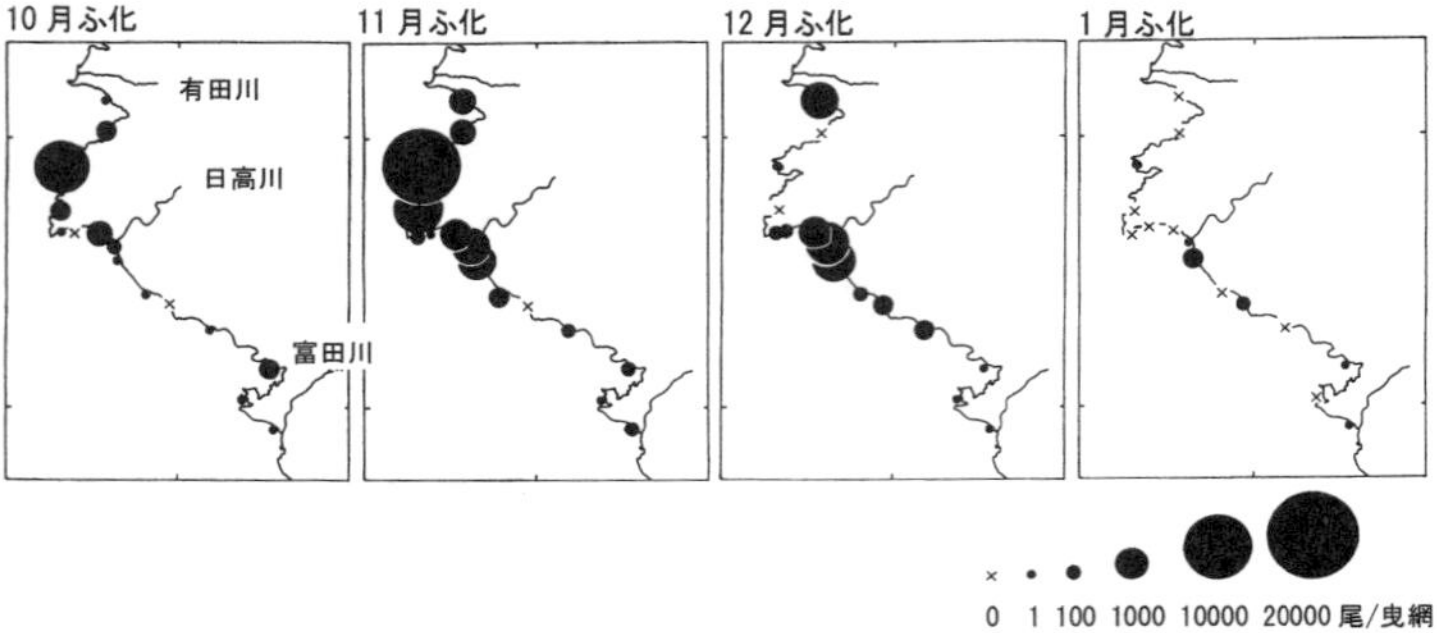

（東ほか、2002を改変）

ら相当離れた地点で採れたが、12月と1月に生まれたアユは日高川河口近くでしか採れなかった（図）。どうしてふ化時期によって分布パターンが変わったのだろう。

河川流量は年によって変動するが、季節的にも変化する。調査した年は、10月から1月にかけて、降水量が減少した。降水量の多い時期（10〜11月）にふ化したアユは、川の流量が多いために、河口から沖合に運ばれやすくなり、沿岸流による輸送距離が伸びるのではないだろうか。逆に降水量が減少すると（12〜1月）、川の流量も減って河口近くに留まりやすくなったことが考えられる。

アユの子がどこ（の海岸）に到達するかは、海に出る際の河川流量や沿岸流など、予測できない時々の環境条件によって変わるだろう。なかには、河口から遠く離れた海岸に到達する、鉄砲玉のようなヤツもいる。しかし、日高川河口周辺では、どのふ化時期のものもあまり偏りなく採れた。このことは、河口近くの海岸にはコンスタントにアユがやってくることを示している。

新天地を求めて

高知や和歌山などあちこちの海岸でアユをサンプリングしてきて、ずっと気になっていたことがある。

それは、海に出たアユが、川から遠く離れた海岸にたどり着くことに一体どんな意味があるのだろうということだ。言うまでもなく、アユは川に遡上しなければ一生をまっとうできない。川から遠く離れた海岸に行き着いたアユの子は、相当な距離を移動しなければ川に遡上できない。このことは、とても無駄なことのように思える。なるべく河口に近い場所に留まって、来るべき遡上に備えた方がよいのではないか。

生物の生態を研究していると、我々の目から見れば一見無駄で不合理に見えることによく出くわす。例えば、南方性の稚魚が黒潮に乗って越冬できない地域まで運ばれることもそうである。アユの海での過度の分散もその一例かもしれない。過度の分散が命取りになるかもしれないし、あるいは他河川にうまく遡上して成功する場合もあるかもしれない。いずれにせよ、一部のアユたちが川から遠く離れた海岸に到達するという、一見無謀にも見える海での回遊に、新天地を求めて分布を広げようとする生物の本質を見るような思いがする。

③シラス漁とアユの分布

土佐湾沿岸ではイワシ類のシラス（ちりめんじゃこ）を漁獲するシラスパッチ網漁業（以下、シラス漁）が盛んに行われている（写真）。冬場に、土佐湾の海岸沿いを車で走っていると、シラス漁の操業風景をよく見かける。このシラス漁の際にアユの子が混獲されるのではないかと心配する人もいる。

林幹人さん（当時高知大学）たちは、土佐湾中央部のシラス漁の漁獲物組成を調べて、仔アユがシラス漁獲物中に0・5％（第10位）の割合で混じっていたことを、１９８８年に報告している。この報告によると、仔アユの混獲時期は10月から1月までで、サイズは10～25㎜（全長）であった。これらは波打ち際で採れるものと一致する。

私自身も、土佐湾中央部（１９９０年12月～92年2月）と西部（１９９３年11月～94年5月）で、毎月１～４回程度シラス漁の漁獲物を分けてもらってアユが混じっていないかどうかを調べたことがある。

中央部では1月と2月にアユが混獲されていた。それらはほぼサイズ25㎜以上で1月よりも2月のサイズが約10㎜大きかった。ふ化日をみると、両月の標本とも11月生まれが多かった。一方、西部では1月に15㎜前後の個体が混獲された。これは波打ち際でたくさん採れるサイズと一致する。不思議なことに、波打ち際で最も多く採集される時期（11～12月）にはほとんど混獲されなかった。

■土佐湾沿岸でのシラス漁（2隻の漁船が袋状の網を引いて操業する）

林幹人さんたちの調査では、2月以降の標本が得られていないが（シラス漁自体が禁漁であった）、波打ち際で多く採れる時期（11～12月）にシラス漁場でも混獲されていた。一方、私が行った調査では波打ち際であまり採れなくなる時期（1～3月）にも混獲されていた。

アユの子が住む深さは？

アユの子は、いつ頃、どのくらいの水深でシラス漁に混獲されやすいのだろうか。

浅海域や内湾での仔アユの分布水深に関する情報を整理してみると、千葉県・九十九里浜では水深4～7m、茨城県・鹿島灘では5m以浅、山口県・油谷湾では10m以浅でアユが採れている。いずれの地域も仔アユの分布水深が10m以浅である点では共通している。

シラス漁の標本調査では、アユがどのくらいの水深で混獲されたかがわからなかった。そこで、高知県下ノ加江海岸から沖合1㎞までの浅海域で集魚灯採集をしてみた。アユの99％以上は岸から200m沖（水深7～8m）までの範囲で採れた。それは、ほぼ河川水の影響の及ぶ範囲であった。なかでも岸に近い地点ほどたくさんの仔アユが採れた。下ノ加江海岸でも水深10mまでの浅海域に分布していることがわかった。

おもしろいのは、時期によって仔アユの分布する範囲が変わったことだ。12月と1月には、波打ち際に近い場所で集中して採れたが、2月と3月には、波打ち際から100～200m沖（水深7～8m）にかけて採れる範囲が広がった。サイズを比べてみると、沖合で採れたものが岸近くのものより大きかった。

このように、波打ち際から浅海域に調査エリアを広げてみると、成長したアユはやや沖合に分布を広げることがわかった。この時期にシラス漁に混獲されやすくなるのではないだろうか。

アユの子は、波打ち際を中心とする岸沿いの浅場で生活しているが、時期によっては浅海域にも回遊することが、シラス漁の標本調査や下ノ加江海岸での調査などから見えてきた。ここで述べた浅海域でのアユの分布・回遊に関する知見は、シラス漁にアユが混獲されることを防ぐうえで参考になるのではないかと思う。

7　海での生き残りと遡上量

和歌山県の波打ち際で3年間、アユをサンプリングしたことは先に述べた。ここではそのうち、日高川周辺の海岸で調査した結果と日高川への遡上量との関係について考えてみたい。便宜上、3年間の標本を区別するために、それぞれ１９９９年産卵群、２０００年産卵群、２００１年産卵群として話を進める。

日高川周辺の波打ち際で採れたアユの量は、１９９９年産卵群から２００１年産卵群にかけて年を追って増えた。同時期に採れたアユのサイズを年ごとに比べると、最も多かった２００１年産卵群のサイズがほかの2年群に比べて大きかった。

日高川では、漁協の方たちが堰堤の魚道を上るアユの数を毎日調べている。その資料によると、日高川の遡上量は１９９９年産卵群（２０００年遡上群）では１４０万尾、２０００年産卵群（２００１年遡上群）では２４３万尾、２００１年産卵群（２００２年遡上群）では３３０万尾と推定されて

図　日高川周辺の波打ち際におけるアユの採集量と日高川における遡上量

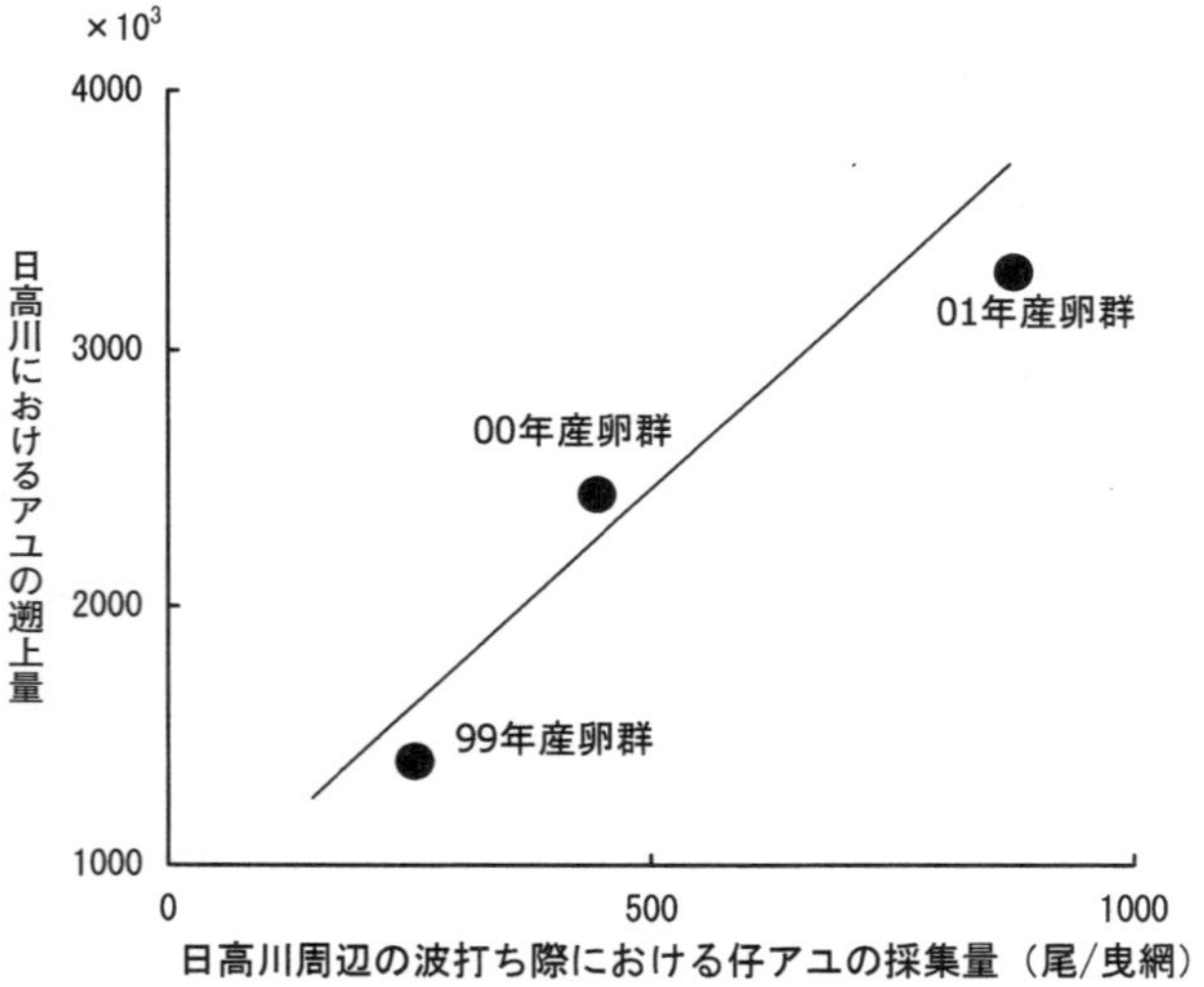

（東、2005を改変）

いる。このように、この3年間の遡上量は年を追って増えており、遡上ピークも年を追って早くなった。

日高川周辺の波打ち際で採れたアユの量と日高川の遡上量を対比すると、両者の年変動はよく対応していた（図）。このことは日高川周辺の波打ち際にやってくるアユの量が多ければ、日高川への遡上量も多くなることを示している。そして波打ち際に現れるアユのサイズが大きいと、遡上ピークも早まるようだ。こうした波打ち際での情報は、遡上の良し悪しを予報する際に生かせる可能性がある。

アユの遡上量は、産卵・流下仔アユ量とその後の海での生き残りによって決まると考えられる。先に述べたように、波打ち際にやってきたアユの量が遡上量と対応していたことから、海での生き残りは波打ち際にやってくるまでの短期間におおよそ決まるのではないかと考えられる。

今では少なくなったが、時折見られる爆発的な遡上（卓越発生群）は産卵量や流下仔アユ量で決まるのだろうか、それとも海での生き残りによって決まるのだろうか。もちろんその両者が重なるのかもしれない。いずれにせよ、一定水準以上の遡上をコンスタントに維持するためには、海での減耗を考慮に入れて十分な量の産卵と流下を保障しなければならない。

8 和歌山の漁師さんとの出会い

和歌山は多くの河川に恵まれており、アユの漁獲量も多い。当地では、海の漁師さんもアユの生態に造詣が深い。というのも、海で稚アユを捕ってきた長い歴史があるからだ。過去多い年には数十トンもの稚アユが採捕されている。採捕したアユは、数日間小割《こわり》で蓄養して（写真）、放流種苗や養殖種苗として出荷されている。

私は、和歌山での調査の折に、長年アユ漁にたずさわってこられた漁師さんから、海でのアユの生態について興味深いお話を伺うチャンスに恵まれた。ここでは、当時（２００２年）のメモを頼りにお聞きしたことを紹介したい。

■稚アユを採捕する時間帯

「夕方6時頃から行う。夕方に浅場に移動してきたときに漁を行う」

■稚アユは数日間小割生簀で蓄養される

和歌山県産湯漁港

「昼間のアユは動きが速いため捕らない」

■稚アユの採捕方法

「砂浜海岸の沖から岸に向かって、地引き網（長さ５００ｍ、網目45から50節[17]）でアユの群れを小割生簀《いけす》に追い込んで採捕する。ただし、漁港の中では四ツ手網（15ｍ四方）を使う」

「１回操業すると、１週間から10日は漁を行わない」

■稚アユの群れの発見方法

「砂浜沖の水深４ｍ付近までで、箱眼鏡を使って船上から確認する」

「浜に稚アユの群れが近づいてくると、浜から群れの大きさを確認する。大きな群れ（１００kg以上）でないと操業しない」

「１月には、群れの大きさで海での稚アユの好不漁を予想することができる」

■稚アユの分布や移動

「12月中旬には小さなアユ（0・01g以下、約20㎜以下）のものが水深3mまでに分布する。これらは一日中いるようだ」

「1月中旬になると別の群れ（0・3g程度、約40㎜）が入ってくるようだ。3月になると3g（約70㎜）ぐらいのアユが捕れる」

「3g以上の大きさになると、昼間は周辺の磯（水深5～6m）にいる。夕方になると浜に移動し、夜明け前（3～4時）には再び磯に帰るようだ」

「砂浜に夕方集まったアユは底層（底から10㎝程度）にいる。磯から浜への移動は中層（水深1m）を通る。回遊するコースも決まっている」

「4月になってもまだたくさんのアユが海にいる。それらが全部川へ上る（帰れる）とは思えない。川に帰れずにほかの魚に食べられてしまうのではないだろうか」

■稚アユを捕食する魚

「メバルやスズキに追われると港の中に入ってくることがあるようだ」

「大きなアユの群れができるときにはスズキに追われていることが多い」

「サヨリもアユを捕食するようだ」

■近年の稚アユ漁の特徴

「（和歌山県の）北部も南部も条件が良い年には同じように捕れる」

「年によって漁解禁時（1月下旬～2月）のサイズが違う」

「２０００～２００２年の3年間では、今年（２００２年）の採捕量が最も多い」

■豊漁年の特徴

「10～11月の雨量が多いと好漁につながるように思う」

「仔アユの流下時期の海水温は低い方が好漁になるように思う」

■海での環境と稚アユとの関係

「防波堤などの人工構造物ができるとアユの回遊量が減るようだ」

「採捕地には必ず砂浜がある。冬場の季節風で荒れる海岸で多く捕れる」

「波の穏やかな場所が成育場として必要なのではないか」


漁師さんから教わった話の中に出てきた、磯と砂浜の稚アユの回遊のこと、稚アユの捕食者のこと、川へ遡上するまでの移動距離、稚アユの回遊と海岸構造物のことなどについては、ほとんど明らかにされていない。海でのアユの生態はまだまだ謎が多いことを痛感させられる。

長年海で生活してきた漁師さんから学ぶことは多い。

9 河口域での最近の研究から

①ふ化日で決まる回遊パターン

琵琶湖に住むアユ（湖産アユ）に回遊パターンが異なる複数のグループ――春季遡河群（いわゆる大アユ）、夏季遡河群、湖内残留群（いわゆる小アユ）――が存在することを1969年に東幹夫さん（元長崎大学）が報告した。

その後、そういった回遊パターンはふ化した時期によって概ね決定されることが塚本勝巳さんらの調査でわかってきた。春季遡河群の正体は早生まれのアユで、湖内残留群は遅生まれのアユであった。そして夏季遡河群はその中間的なふ化日を持っていた。

海と川を回遊する「海産アユ」でも湖産アユと同じようにふ化日によって回遊パターンは異なる。早生まれは次々と生息場所を変えるいわば「回遊型」であるのに対し、遅生まれは長く留まる「滞在型」である。塚本勝巳さんはこれをアユの「回遊の原則」と呼んだ。

このように湖産、海産を問わずアユの回遊パターンはふ化日によってだいたい決まってしまうらしい。

四万十川の河口域でアユの子どもを調べてみると、やはり回遊パターンはふ化時期によって異なっていた。早生まれは沖側（流心部）に分布を広げるのに対し、遅生まれは岸沿いの浅所に長期間滞在する傾向があった。つまり、海とは比べようもないほど狭い河口域でも基本的には塚本さんの提唱した「回遊の原則」が再現されていたことになる。

東幹夫さんは琵琶湖産アユにおける先のような回遊パターンの違いが体型の変異と関連していることも指摘している。春季遡河群（早生まれ）と湖内残留群（遅生まれ）を比べてみると、子どもの頃の体高比（体高／体長）に差が見られ、前者は体高が低い「流水型」をしているのに対し、後者は体高が高い「止水型」の体型であると言う。

陸封型との一致が意味するものは？

回遊パターンと関連した体型の違いは、四万十川河口域に住んでいる海産アユの子にも見られた。早生まれ（11月生まれ）のアユは、稚魚の頃体高が低く早期に河川へ遡上した。逆に、遅生まれは相対的に体高が高く下流域に長く滞在する傾向があった。

このように、生まれた時期と回遊パターンおよび体型の関連には、海産アユと湖産アユとの間に共通点を見出すことができる。湖産アユの持つ複数の回遊パターンというのは、その祖先である海産アユが潜在的に持っていたものであるように思えてくる。海産アユがもともと持っていた回遊パターンの「可塑性」が琵琶湖に陸封された後により顕在化したのかもしれない。

海産アユでは川に遡上した後も、早生まれのアユは上流にまで上り、遅生まれのアユは下流に留まる傾向がある。このことも見方を変えれば、早生まれは河川でも移動範囲が大きい「回遊型」であり、遅生まれは「滞在型」ということができる。

このようにアユの回遊パターンを概観してみると、湖産、海産を問わず早生まれのアユは生活史を通じて大きな移動を行う「回遊型」であり、遅生まれは逆に「滞在型」になりやすいという共通した特徴があるように思われる。

ところで、アユに一貫して認められるこのような回遊パターンのふ化日による違いは、どのような生態的メリットがあるのだろうか?

想像に過ぎないが、ふ化した時期によって分布域を多様化することで、餌や生息空間をめぐる種内の競合を緩和することに寄与しているのではないだろうか。

②遡上期までの減耗

天然アユの遡上量は年によって大きく変動するが、その原因に関する研究は少なく、メカニズムはよくわかっていない。

早生まれの選択的死亡

四万十川河口域で採集したアユ仔稚魚のふ化日を耳石を使って20年近く調べてきた（98ページの図1）。それを並べてみると、1990年代前半までは11月上旬付近にあったふ化のピークが90年代後半から急に遅れ始めたことがわかった。96年には特にその傾向が目立ち、ピークは12月下旬にまでずれ込んだ。90年代前半までと比べるとじつに2ヶ月近くも遅れたことになる。この傾向は徐々に回復しつつあるが、依然としてかなり遅い。

問題の年、96年には詳しい調査――①ふ化直後、②河口域や海域で生活する時期、③遡上期の3つの段階のふ化日を分析――を実施した。

結果（99ページ図2）を見て驚いた。ふ化直後のアユのピークは11月中旬にあり、これが卓越していた。しかし、海や河口で採集したアユを調べてみると、12月や1月に生まれたものが大半で、11月生まれはほとんどいない。遡上期のアユでもこの傾向は変わらなかった。

どうやら11月に大量にふ化したアユは海に下った段階でそのほとんどが死んでしまったらしい。ふ化のピークの遅れというのは、実は早生まれが選択的に死んだための見かけの現象であった。

図1　四万十川河口域（グレー部分）とその周辺の海（黒線）で採集したアユのふ化日の分布

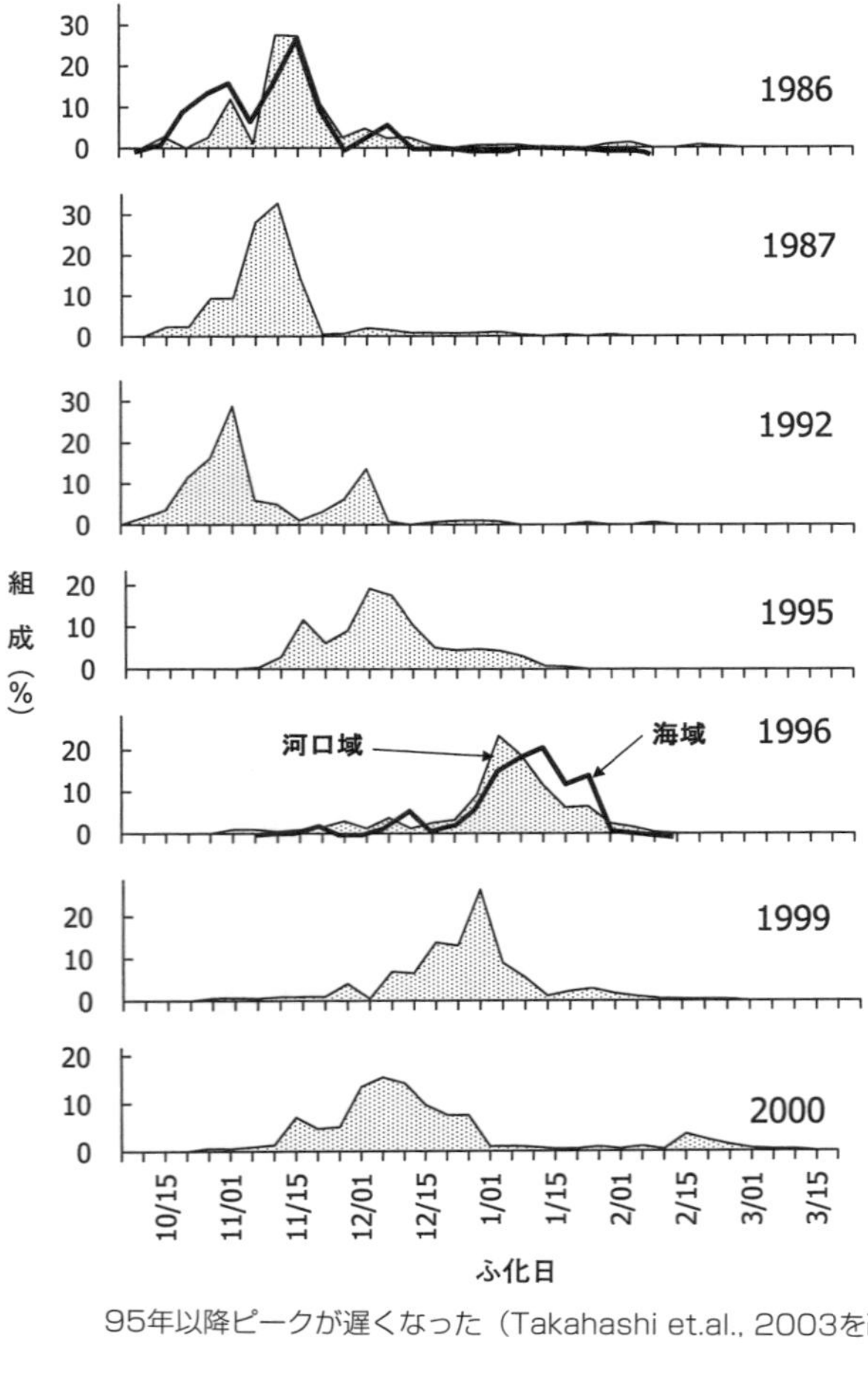

95年以降ピークが遅くなった（Takahashi et.al., 2003を改変）

図2　ふ化直後（上)、河口・海域生活期（中)、遡上期（下）のふ化日の比較

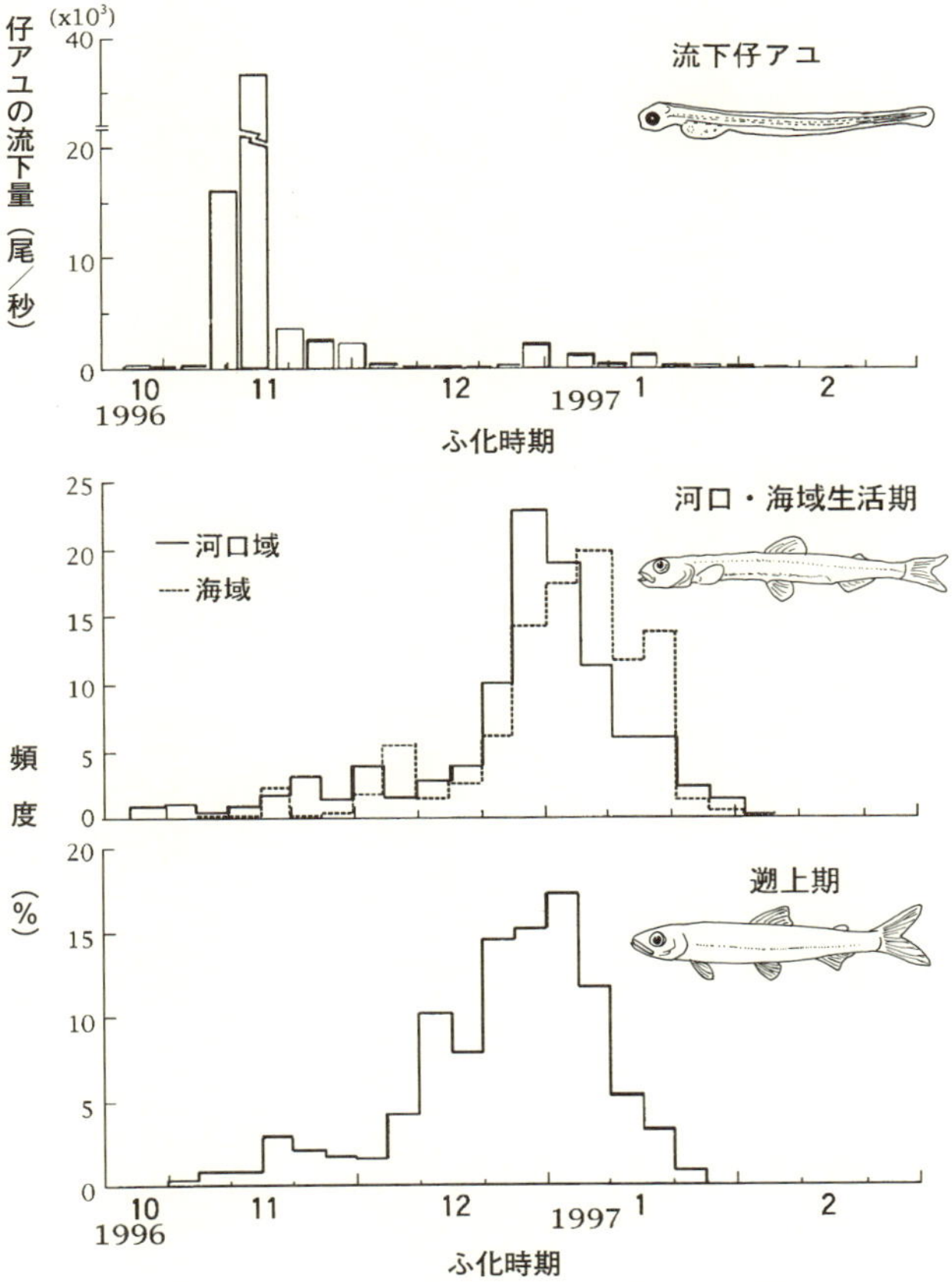

（Takahashi et.al., 1999を改変）

上昇する海水温

この原因として、その当時私たちの研究グループが有力視したのが海水温の高さであった。ふ化したばかりのアユは水温が20℃以上では死にやすいという実験結果が報告されている。96年11月は四万十川周辺の海水温は特に高く、過去21年間の最高値を記録した。もちろんアユに好適な範囲は超えていた。そのために早生まれ（11月生まれ）のアユは大部分が死んでしまい、生き残ったのは量的には少ない遅生まれ（12～1月生まれ）だったと考えた。

統計データを分析しても、産卵期である10～12月の海水温が高いと翌年の漁獲量は減る傾向にある。やはり、海水温はアユ資源を変動させる一因となっているようだ。

土佐湾沿岸の海水温は１９８０年代半ばから上昇し続けている。特に94年以降は頻繁に高い水温が観測されるようになった。高い水温が観測され始めた時期とふ化のピークが遅れ始めた時期、さらには資源減少（早生まれが死ぬため）が目立ち始めた時期はほぼ一致していた。これらを考え合わせると、90年代後半の不漁に海水温がある程度関係しているのは、確実なことのように思われた。

ところが、最近になって、この傾向が狂い始めた。高水温であっても遡上量が多いという事例も出てきた。アユが水温の上昇に何らかの方法*で対応したのかもしれないが、まだよくわからない。今後も長い時間をかけて観察を続ける以外に真実を知る方法はなさそうだ。

その後、各県の水産試験場等の調査報告を調べてみると、似た現象——遅く生まれたアユが選択的に生き残る――は、新潟県の信濃川《しなの》（１９８４年）、和歌山県の日高川（２０００～２００１年）、静岡県の天竜川《てんりゅう》（２００１年）、愛知県の矢作川（２００４年）島根県の高津川・神戸川《かんど》等（２００３～２００５年）でも確認されている。地域や時期がバラバラであるため、原因はそれぞれに違うように思えるが、早く生まれたアユが減耗しやすいということは言えそうだ。

早生まれのアユというのは、成長が良いことが知られているが、そういった利益と引き換えに、高い死亡率というリスクを抱える運命にあるのかもしれない。

③河口域の役割

四万十川の河口域のアユは、海に棲むものよりも成長が良い。同じようなことが和歌山・三重両県にまたがる熊野川の河口域でも報告されている。先に紹介したとおり、四万十川河口域のアユのお腹の中を調べると、汽水性の動物プランクトンやハゼ科の仔魚などの河口域に独特な餌生物が見つかった。これら河口域に特有とも言える餌料《じりょう》生物の存在が河口域に住むアユの良好な成長を支えている可能性がある。

また、飼育実験によると、海水と汽水で飼育した場合、絶食状態でのアユの子の生残率は、汽水の方がかなり良好である。このことは河口域のような汽水中ではエネルギーの消耗が少ないことを暗示

＊早生まれが選択的に減耗することで遅生まれ主体のふ化日構成に一旦シフトしてしまうと、産卵期も遅れて（産卵からふ化まで一定の日齢が必要であるとすれば）、結果として早生まれの減耗を回避することになる。

■アユにとって大切な成育場となっている四万十川河口域

している。体液の塩分濃度に近い汽水では、浸透圧調節に使うエネルギー量が少なくてすむため、その分を成長に回すことができるのかもしれない。

いずれにしても河口域における良好な成長状態は、河口域がアユ仔稚魚の本来の生息場である海よりも棲み良い環境であることを想像させる。

四万十川の河口域で育ったアユの稚魚は当然四万十川へと回帰すると考えられる。このことはアユが生き残るうえでかなり大切なことかもしれない。というのも、アユの子には遡上する川のことは何もわからない。下手したら、とんでもない川に上ってしまうこともないとは言えない。親が成長し産卵できたという実績のある川、つまり「母川」に遡上できれば、産卵までの生息場をほぼ確実に手に入れたことになる。アユの子にとってこのメリットは大きい。

アユが生き残るために

そうすると、海に出ることはアユにとって不利なのだろうか。海まで流下した仔アユは沖方向に２～５㎞程度、横方向（海岸沿い）には20㎞程度は分散することがある。[18]こういった分散は個体としてみれば「無効分散」となるリスクを抱えることになるが、個体群というレベルでは遺伝的多様性の維持や分布域の拡大といった利点が期待できる。そう考えれば、海での分散もアユという種が生き残るためには必要なことと言える。ただし、現在のように資源水準が低いといったケースでは河口域によって分散がある程度くい止められることは個体群の維持に有利だろうと思う。

奄美大島に生息するリュウキュウアユ（絶滅危惧種）では、資源の維持に河口域が不可欠な役割を果たしていることが、岸野底さんらの調査で最近わかってきた。アユの子が河口域を生息場としている例は、四万十川だけではなく、下ノ加江川（高知県）、熊野川（和歌山・三重県）や吉野川（徳島県）、太田《おおた》川（広島県）、相模《さがみ》川（神奈川県）などでも確認されている。冬場の水温があまり低くならないような河口域であれば、アユの成育場となっている可能性は高い。

これまで河口域はアユの稚魚にとっては回遊の際の単なる「通過点」として見過ごされてきたが、最近の研究成果は成育場としてとても大切な働きをしていることを示している。そういったことがわかってきた現在、わが国の河口域はすでにその環境が大きく改変されてしまっているのは残念なことである。

10 わずか1年の寿命なのに、ふ化期間はなぜ長い？

一番仔と呼ばれるアユがいる。その年の最初に遡上してきた一群を指し、その正体は早生まれのアユである。大型になり、産卵数も桁外れに多い。一方、遅く生まれたアユの遡上時期はやはり遅く、小型のまま産卵期を迎えることが多い。

このように、年魚であるアユにとって「いつ生まれるか」は重要な意味を持つ。

四万十川のアユのふ化日を調べながら、ずっと疑問に思っていたことがある。アユの寿命はわずか1年なのに、ふ化期間はじつに5ヶ月にも及ぶ。

先のとおり、早く生まれることによって得られるメリットは確かに大きい。しかし、あまりにも早く産卵すると卵や子どもが高水温下に置かれることになり、生存率は低くなる。また、産み付けられた卵は出水によって流失することがあるが、その危険性は出水の多い10月から11月前半に産卵またはふ化する早生まれにおいて大きい。

一方、遅生まれは高水温や出水のリスクは小さいものの、過度の低水温（10℃以下）では子の生存率はやはり低くなる。

そうすると、ふ化は最適な時期に集中（最適化）した方が子の生き残りに有利となる。それなのに、実際は必ずしもそうはならない。

生き残るための保険？

アユという種は、今から100万年ないし300万年前に成立したと考えられているから、これまでに何度も氷河期や間氷期をくぐり抜けてきたことになる。また、このような大きな環境変化でなくても、気温や水温は年によってかなり変動するものである。産卵期には出水で卵が流されることはしばしばあるし、逆に渇水で干上がってしまうこともある。

「最適化」はこのような少しの環境変化に対しても弱く、全滅あるいはそれに近い状態を招く諸刃の剣となる可能性がある。ふ化期間が長いのは、アユという種が生き残るためにかけた「保険」なのかもしれない。

何年か前までこんなふうに考えて、自分なりに納得していた。しかし、この考え方は正しくないようだ。

というのも、このような「保険」が利くためには、種あるいは群れ（つまり団体で）というレベル

■小石に産み付けられたアユの卵

物部川、11月

での淘汰圧[19]が働いていることが前提になるが、アユに関してはそのような事実はないと言われている。平たく言えば、「保険」は個人で掛けるものであって、今のところアユが団体で加入した実績はないということになる。

アユの場合、親の成熟時期や産卵時期は様々な事情から個体によってかなりばらつく。そのことが結果としてふ化期間を長くしている、というのが実際なのだろう。

しかし、生物では「種」が保険を掛けているように見える現象がある。先に紹介したように、早生まれのアユで海水温の上昇によると考えられる大量死が生じ、生き残ったのはそれまで量的には少なかった遅生まれであった。この現象もふ化期間の長さが、結果的にはアユという種が掛けた「保険」として機能したように私には思えるのである。

春

上流を目指す稚アユ（物部川）

水ぬるむ春、稚アユたちが川に帰ってきた。

毎年繰り返される風物詩にもわかっていないことは意外と多い。

なぜ川に上るの？　生まれた川に帰ってくるの？——そんな素朴な疑問をお持ちではないですか？

1 どうやって上るべき川を見つけるのか?

私が住んでいる高知県香南市夜須町《やすちょう》の海岸では、秋から春にかけてたくさんのアユの稚魚を見ることができる。1980年代には毎年のように稚アユの特別採捕（放流用等の目的で知事の許可を得て採捕すること）が行われていたから、その量はかなりのものだったようだ。

写真の右寄りには小河川（夜須川）が流れているが、現在この川にアユはほとんど住んでいない。子どもの頃（1960年代）、この川でしょっちゅう泳いでいたが、その当時でもアユは少なかったから、もともとアユがたくさん遡上するような川ではなかったようだ。

そうすると、この海岸にいるアユはどこで生まれたのだろうか?

アユがたくさんいる川で一番近いのは、7㎞ほど西を流れる物部川である。おそらく物部川でふ化したものが潮流に運ばれてこの海岸にたどり着いたのだろう。

■上空から見た高知県夜須町の海岸

最寄りの川には上らない

冬の間はずっとこの海岸あたりで過ごしているようだが、春になると次第に姿を消していく。もちろん夜須川に遡上したのではない。やはり物部川に遡上したと考えるのが自然だろう。これが事実であれば母川に帰ったことになるが、今のところ想像に過ぎない。

ただ、一つだけ確実に言えることがある。それはアユの稚魚が川に遡上する際、単に真水を目指しているのではないということである。もしも、真水を選ぶだけであれば、時々夜須川にも大量に遡上してもよさそうなものだが、そうならない。何らかの手段で上るべき川――比較的大きな規模の川――を選んでいるとしか考えられない。

増水を手掛りに?

どうやって上るべき川を見つけるのか?

その詳細なメカニズムはよくわからないが、私は次のように想像している。

小山長雄さん(元信州大学・故人)らによると、遡上前のアユはそれまで住んでいた海の水温よりもやや低い温度を選好するようになる。この性質は海の中で川の存在を感知するために役立つと考えられている。ただ、この冷水選好性だけでは川を見つけることはできても「選ぶ」ことは難しいように思われる。

もう一つ重要なヒントは、アユの遡上はまとまった雨をきっかけとして堰を切ったように始まることである。高知県では2004年の2月下旬に100㎜を超える雨が降った。それまで渇水気味であった川の水かさが急に増え、多くの河川でいっせいに遡上が始まった。このような現象は過去にも度々経験していることで、逆に春先にまとまった雨のない年は、遡上の開始時期が遅れる傾向にある。

このことから想像すると、海にいる遡上前のアユは増水によって「冷たい水」つまり河川水の影響範囲が広がったときに、その範囲の広さ(=川の規模)から上るべき川を選ぶ術を身につけているのかもしれない。

「当たらずとも遠からず」ではないかと思っているが、はたしてどうだろうか。

2　生まれた川に帰る？

アユには厳密な意味での母川回帰（サケのように生まれた川に能動的に帰ってくること）はないと考えられている。アユの子はふ化直後の未熟な状態で海に下ってしまうので、帰るべき「母なる川」を記憶する能力も時間もないというのがその理由である。

実際、日本列島に住んでいる海産アユには遺伝的な差異はほとんどないらしい。このことは河川間で遺伝的な交流があること、つまり生まれた川以外の川にも遡上していることを意味する。

雨が多く、河川水の勢力が強い時期に生まれた仔アユは、海に出た後、河口から岸沿いに20㎞離れた海岸に移動した例も報告されている。このような場合、回帰すると考える方がむしろ不自然かもしれない。

しかし、私は最近、アユが生まれた川に帰る確率は案外高いのではないかと考えている。

その理由として、まず、アユの稚魚は沿岸域や河口域などを主な分布域にしていることがあげられる。例外はあるにしても回遊範囲は基本的には狭い。このことは河川水の影響範囲からあまり遠くへは広がらないということでもある。春になって最寄りの川に遡上すると、そこは生まれた川であったという可能性はけっこう高いと思われる。

2003年の秋、高知県中央部の物部川、東部の安田川、奈半利《なはり》川（この2河川は河口が隣接している）で産卵とふ化した子の量を調査した。保護対策を徹底した物部川では、信じられないほど多くのアユがふ化し海へと出ていった。安田川もけっこうな数の子どもがふ化した。奈半利川は残念ながら産卵がうまくいかず、ふ化量は非常に少なかった。

2004年の春、県下の河川の遡上は例年よりも悪いところが多い中で、物部川の遡上量は何十年ぶりと言われるほど多かった。つまり、ふ化したアユが多かった川には多くのアユが遡上したことになる。このことは生まれた川に帰る確率が高いことを支持する事例と言える。

一方、安田川は3月の遡上は順調であったが、それ以降は低調であった。ところが、ふ化量はごく少なかった奈半利川では比較的順調な遡上に恵まれた。どうやら安田川で生まれたアユが隣接した奈半利川へも遡上したらしい。水量は奈半利川の方が多いため、そちらに呼び寄せられやすいようだ。このように河口が隣接したような川ではどちらに入るかは偶然性に左右されていて、アユが生まれた川に確実に帰るとは言えない。

しかし、湾のような閉鎖的な海域に流れ込む河川では相当に高い確率で生まれた川に帰るであろう

■物部川に帰ってきた（?）稚アユ

物部川、3月

し、四万十川のように周辺にアユが住む川がほとんどないという場合も回帰率は高いに違いない。

したがって、遡上量の増加を望むのであれば、まずは自分の川で増殖のための努力をするというのが原則となる。川が隣接した地域ではそのうえに協調も求められることになる。

年変動が大きいアユの回帰率

奈半利川で秋から冬にかけてふ化したアユ仔魚の数と翌年の遡上数を10年ほど前から調べている。遡上数をふ化数で割り算した値を便宜上「回帰率」と呼ぶことにする。かなりラフな計算ではあるが、奈半利川の場合は回帰率700分の1〜4000分の1まで大きな年変動が見られた。特に西日本全体で天然遡上が少なかった2014年の回帰率は、これまでで最低の4000分の1であった。

このようにアユの回帰率（海での生残率）が大きく年変動することは以前から知られていたが、その理由はまだはっきりとはわかっていない。しかし、奈半利川では回帰率が低い年に共通している現象がある。早く生まれたアユ（高知県だと10～11月生まれ）の減耗が著しく高いのである（97ページ参照）。遅生まれが主体となるため、遡上サイズは全体的に小さくなる。

同じような現象は西日本から東海付近にかけての広いエリアで報告されており、西日本ではアユの回帰率が悪い年が現れる確率が近年高くなっているようである。

現時点ではその理由が明確ではない早生まれの選択的な減耗であるが、対策はあるのだろうか？減耗の理由が海にある以上、直接的な対策は取りようがなく、河川内での対策で対応せざるを得ない。

奈半利川で行ったことは2つで、一つは産卵期を遅らせること。奈半利川はアユの産卵環境が悪化していて、産卵場を整備しないと産卵が活発化しない。そのことを逆手に取って、2週間ほど産卵場造成を遅らせることで、産卵の盛期を遅らせている。結果として、ふ化時期もその分遅くなるため、仔アユの生残率が上がることになる。二つ目は、親魚を多めに確保し産卵量を増やすことで、回帰率の悪さをカバーするというやり方である。具体的には産卵期の徹底した保護と夏場の網漁の制限がその柱で（242ページ参照）、対策を取り始めて、親魚量は増加するだけでなく安定するようになった。これらの対策の結果、奈半利川では近年天然アユの資源量が着実に増えている（２２８ページ参照）。

デフレ時代のアユ

天然アユ資源は流域に与えられた「基金」のようなものである。その「基金」をうまく運用して、利子分（再生産に必要な資源量を差し引いた余剰的な資源）を漁獲している限りは、資源の減少は起きないということになる。利率（＝回帰率）が高い（つまりインフレ）時代は、かなり乱暴に漁獲しても資源が減少することはなかったのだが、今の西日本のようにデフレ時代（低回帰率）に突入すると、よほど慎重に資源（元手）を管理しないと、あっと言う間に資源が減少（元本割れ）してしまう。

基金を取り崩して、とりあえずの急場をしのぐのか、はたまた、事業規模（漁獲）を絞ってデフレを乗り切るか。どちらにしても確実な将来は見通せない。小心者の私なら、後者を選択します。

ところが少し濁りが入った状態では、いくら慎重に近づいても逃げられることが多い。

「よく見えない」という状況では、危害を加える相手かどうかを確認するよりも、「取りあえず先に安全圏まで逃げてしまう」という感じがする。

アユに関して言えば、天然のアユは比較的逃げにくく、観察しやすい。外敵かどうかを確認したうえで「動く」という感じがする。驚かさなければ平然としていることも多い。ところが、放流された「人工アユ（人の手で卵から育てたもの)」は、天然のものよりは明らかに「間」が遠く、手強い。特に群れた人工アユは警戒心が強く（臆病という方が適切かもしれない)、なかなか近づくことができない。おまけに、群れアユが動けば、それにつられてなわばりアユまで逃げてしまう。

人工アユはしばしば「釣れない」という評価を受けるが、それは人工アユに特有な警戒心の強さと関係があるのかもしれない。

群れを驚かすような「雑な動き」はしないことが人工アユを釣るときの心得として大切なように思う。

■ブラックバスと並んで泳ぐアユ

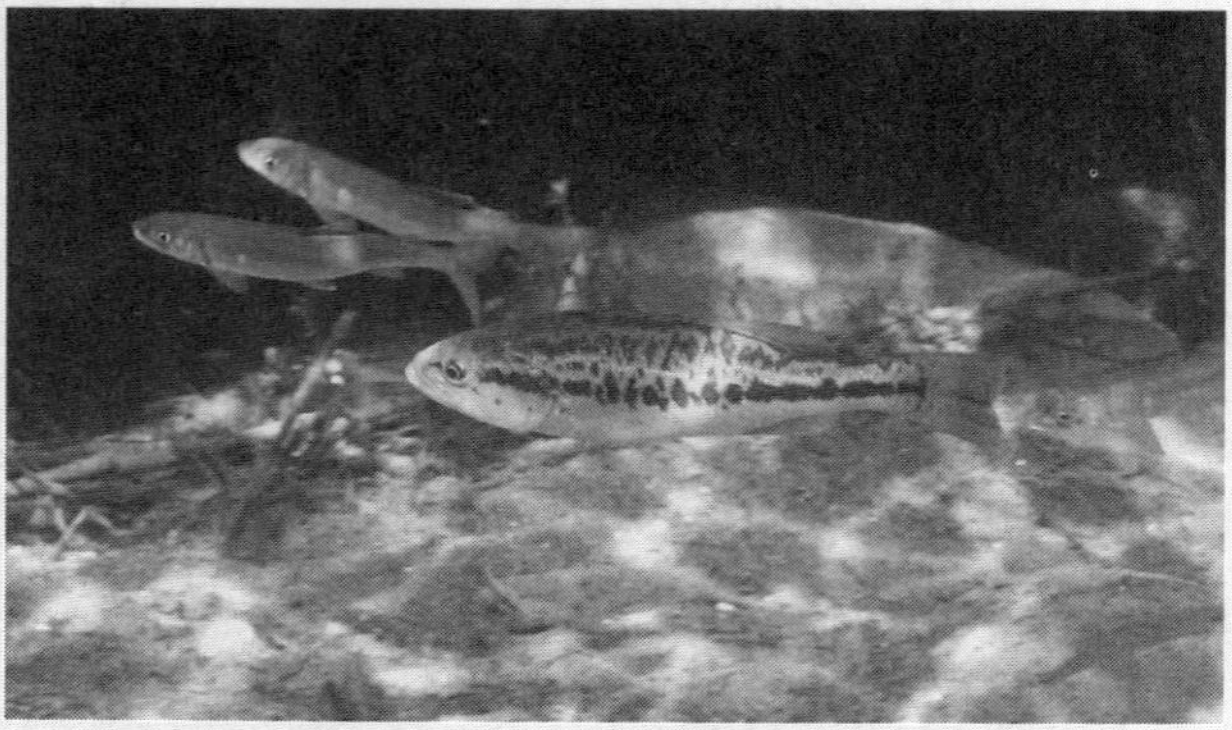

物部川、10月

潜水観察秘話

「どんなお仕事をされているのですか？」と聞かれると困る。「川の環境関係の調査を……」あたりで勘弁してくれるとホッとするが、「水質検査ですか？」と追求され始めるともういけない。「いえ、魚を調べています」と言うと、大概の人は「へ？」という複雑な表情になる。「魚を調べる」という職業は、なかなか社会的には認知されにくいようで、「魚と遊ぶ」と誤解されてしまう。慌てて「潜って魚の数を調べたりするんですよ」と説明しても、想像すらできないようで、急に話題が変わることが多い。

しかし、こういった地道な潜水観察のデータは、魚たちを守るための大切な情報となる。たまには私の釣りの重要な情報となることもあるが……。

「潜って魚を数える」というのは簡単なようでけっこう難しい。

アユが遡上する頃に潜っていると、時々大きな群れに出合う。潜水観察を始めた頃は途方に暮れていたが、横に長く並んでもらえばずいぶん数えやすくなることに気がついた。驚かさないように手で誘導するとゆっくりと一列に並んでくれる（本当です）。

こういったテクニックは少しばかり経験を要するが、水中で静かに「見る」だけなら、魚はあまり逃げない。コイにいたっては寄ってきて、しばらくこちらを「観察」していることもある。

水中写真の撮影となると少し難しくなる。どうしても一定の距離までは近づかなければならないからだ。慎重に近づいても、魚によって固有の「間」のようなものがあり、それを不躾に越えると逃げられてしまう。相手の機嫌をうかがいながらゆっくりと近づくしかない。

この魚との「間」は透明度の高い川ほど短い。魚の方でもこちらの一部始終を見ることができるためか、意外と逃げない。

3 変態するアユ

手元の生態学事典によると、「変態」とは「幼生が形態を変え成体となっていくこと」と定義されていて、その役割として、①成長期と繁殖期の分離、②生活場所や食物の変化による環境利用の多様化などをあげている。一般に知られている変態の例として、青虫から蝶への変態やオタマジャクシからカエルへの変態を思い浮かべることができる。

魚でもしばしば変態という言葉が使われる。アユの場合、カエルの変態のような劇的なものではないが、海から川に遡上するときにはシラス（ちりめんじゃこのような半透明で細長い体型）からアユらしい体型へと変態する。

異なる変態サイズ

四万十川の河口域でアユの稚魚を採っていて気がついたのだが、アユが変態するサイズというの

■アユの発育状態の比較
ともに体長約36㎜だが、上は変態前のシラス型で、下は変態をほぼ終えた状態

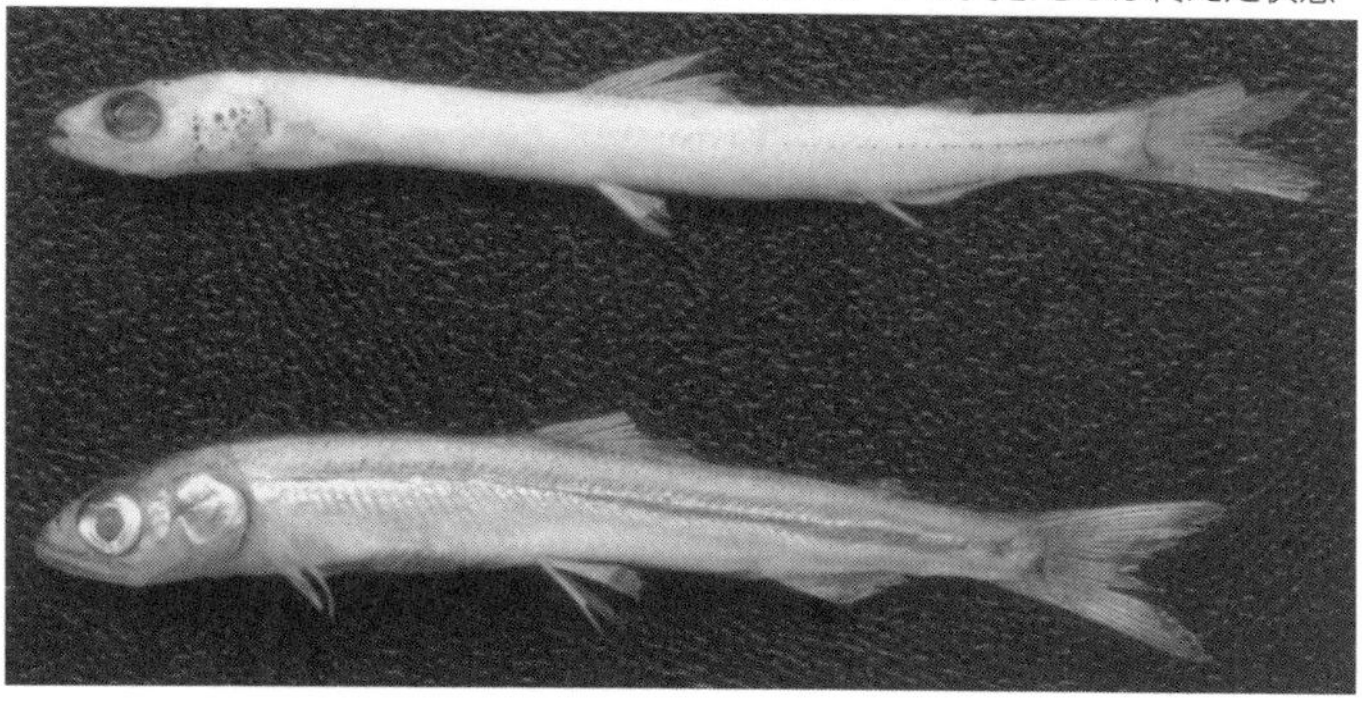

は、個体によって相当に異なる（写真）。なぜ、このように変態サイズが違うのかが気になって、仔稚魚期の発育過程を詳しく調べてみた。

そうすると、ひれや脊椎骨といった泳ぐために不可欠な要素が発達する過程にはほとんど個体差がなく、そういった要素というのは体長が35㎜までにほぼ完成してしまうことがわかった。

ところが、35㎜を超えると、一転して生まれた時期によって発育の仕方がずいぶん異なっていた。例えば、早く（11月）生まれたアユの子どもは、35㎜を過ぎても体型は細長く、体表の色素（銀色と黒色）もなかなか発現しない（写真の上の魚）。つまり、海での生活に適した形（シラス型）を大きくなるまで維持していることになる。

これとは対照的に1月生まれのような遅生まれは、35㎜を過ぎるとすぐに体型は親のアユに近づき、体表の色素も発達する（写真の下の魚）。川の生活に適した形に慌てて

変化しようとしているようにも見える。実際、これら遅生まれが遡上を開始するサイズは40㎜前後で、早生まれの遡上サイズ（45〜50㎜）と比べるとかなり小型であった。

遡上期の稚アユの体長が時期を追って小型化する現象が各地の河川で確認されている。この現象は変態するサイズが生まれた時期によって異なることを反映したものなのだろう。

変態サイズの差ができるワケ

ところで、このような変態サイズの差がなぜ生じるのだろうか？

ここまでの話を整理してみると、

①ひれなどの遊泳と関連した要素は生まれたときに関係なく体長35㎜までにほぼ完成した。

②遅生まれである1月生まれは体長35㎜を超えるとすぐに変態し、川に遡上した。

どうやら、変態するため（＝川に遡上するため）の下準備そのものは、生まれた時期に関係なく体長35㎜までには整っていて、その後すぐに変態するか、あるいは変態を引き延ばすかは、別の要因によって決定されるということらしい。

アユは川の水温が10℃前後に上昇した頃に遡上を開始する。早生まれ（11月生まれ）が体長35㎜となるのは1月下旬頃だが、この頃四万十川の水温は最低となり、アユが遡上するには適当でない。一方、1月生まれが体長35㎜となるのは、ずいぶん暖かくなった4月中旬頃なので、すぐに変態して川に遡上することが可能となる。

先のとおり、変態が生息場所（海から川へ）や行動様式（プランクトン食から藻類食へ）の変化に伴うものであることを考えると、遡上に不適当な環境下で変態することは、アユにとって好ましくないわけで、11月生まれのアユが遡上に適した条件が整う早春までシラス型のまま暖かい海や河口域で過ごすことは合理的である。

アユという魚を知れば知るほど、その柔軟性に驚かされる。そしてこのような柔軟性こそがアユの最大の強みであるように思えてならない。

4 遡上にまつわる誤解

「海と川の水温が同じぐらいになった頃、稚アユは川を上り始めます」という記述やナレーションを見聞きする。生物に詳しい（はずの）コンサルタントの調査報告書にもそう書かれていることがある。

しかし、これはアユにまつわる代表的な誤解の一つだと思う。

というのも、実際に調査した人が書いたオリジナルの論文や報告書に目を通してみると、前記のようなことが書かれているものは、私が知る限り一つもない。近いものとして「海と川の水温が同じぐらいになった頃、稚アユの遡上が盛期を迎える」というのがあり、これは割合多い。おそらく、この記述が前記のように間違って伝わり、それが独り歩きし始めたというのが真相ではないだろうか。

もっとも、地域によっては遡上開始時期と海と川の温度が一致することはあるかもしれないが、それは単なる偶然に過ぎないと思う。また、「海と川の水温が同じぐらいになった頃、盛期を迎える」

■安田川を遡上する稚アユ

という報告についても、私はあまり信用していない。

四万十川を例に取れば、遡上の開始は２月下旬でその頃、海水温は15℃前後、河川水温はそれより５℃も低い10℃前後である。遡上の盛期は３月中に見られることが多いが、この頃でも河川水温は海水温よりも数度低い。海水温と河川水温が一致するのは遡上期の終わりに近い５月上旬前後になる。

これと対照的なのは愛知県の矢作川で、河川水温と海水温は２～３月の間ほぼ一致しているが、遡上が始まるのは３月中旬頃で、４月下旬頃に盛期が見られることが多い。

こういったふうに「河川水温と海水温の一致」というのは、アユにとってそれほど重要なことではないようにも思える。ではアユの遡上は水温と関係ないかというと、そうでもなくて、遡上の始まりと終わりは水温に強く規定されているようなのである。

高知県東部にはアユが遡上する中小河川が多い。その中で毎年一番早く遡上するのは安田川で、ほかの河川よりも10日から半月は早い。水温を測ってみると、安田川はほかの河川よりも2℃近く水温が高く、年によっては2月の上旬に10℃を超えることがある。

高知県内の河川で観察する限り、遡上の開始は河川水温が8℃を超えないと始まらない。8℃という温度は稚アユが遡上できる（河川で正常に生活できる）限界付近なのだろう。

これとは逆に遡上の終わり、言い換えると、稚アユが海で正常に生活できる時期もまた水温に規定されているらしい。高知県の川では6～7月にもわずかながら稚アユが遡上するが、それらは稚アユというよりもシラスアユ（海にいる頃の幼い形態）に近い色調と体型をしている。サイズもずいぶん小さく（体長4㎝程度）、未熟な状態で遡上してきたという印象を受ける。

奄美大島に生息するリュウキュウアユでは、この傾向はもっとはっきりしている。リュウキュウアユは本土のアユと比べると、シラスアユに近い小型若齢で河川に遡上する。こういったリュウキュウアユの生態に興味を持った岸野底さんは、リュウキュウアユの子どもの生残は水温21℃以上になると、かなり厳しくなること、そしてその傾向は海水中でより顕著なことを実験によって確認した。そしてリュウキュウアユがシラスアユに近い「不合理」な状態で川に上るのは、亜熱帯特有の高い海水温を避けるための「苦肉の策」ではないかと推察している。

このようにみると、アユの遡上可能な水温範囲の上限と下限は明瞭に存在すると言えるが、それ以外はかなり柔軟に対応できるようである。

考えてみれば、海と川に境があるわけではなく、稚アユはその中間的な場所で体を慣らせば海と川の水温差はそれほど苦にもならないのではないだろうか。

5 遡上を急ぐアユと急がないアユ

アユの遡上は春の風物詩。川の水がぬるみ始める早春の頃に、堰を懸命に越えようとするアユの姿を目にされた方も多いのではないだろうか。

私も仕事柄、早春から初夏にかけてアユの遡上を観察することが多い。川の下流には、たいてい取水のための堰があり、そこで遡上の様子を見ることができる。

高知県におけるアユの遡上シーズンは、おおよそ2月末から6月頃までだ。ただし、この間コンスタントに遡上するわけではなく、初めはごく少ないが、その後急に増え始めてピークを迎える。その後は一気に減ってしばらくだらだら続く。

ジャンプ＝遡上の誤解

遡上アユがジャンプする姿は、新聞写真などでよく見かけるし、サケのそれに似ていかにも活発に遡上しているように見える（写真）。そのため、アユの遡上にジャンプはつきものであるように思っておられる方もいるかもしれない。しかし、よくよく観察してみると、ジャンプしているアユがうまく遡上に成功する確率は意外と低い。

■魚道をジャンプする稚アユ

矢作川明治頭首工、5月（撮影：新見克也）

コンクリートの斜面であっても、勾配や流速が緩く、なおかつ斜路が短い場合、そこに水のベールさえあれば（背びれが出るくらいの浅い水深でもよい）、アユは水のベールの中を一気に遡上する。堰の斜面を群れで遡上する場合はこのパターンが多い。ただし、堰には白サギなど魚食性の鳥が待ち構えていることが多いので、こうした遡上のやり方もアユにとってベストな選択なのかはわからない。

変化する遡上行動

定期的に観察していると、時期によって遡上行動が変わることに気づく。遡上初期から盛期にかけては、ちょっとした落水刺激があると狂ったように盛んにジャンプを繰り返す。この時期は、上流に遡上しようとするアユ自身の衝動がとても強いようだ。内田和男さん（現水産総合研究センター）たちは、とびはね行動を健全な種苗の指標（種苗性）とされているが、野外においても遡上が活発な時期にジャンプするアユが多いことは確かだ。

ところが、遡上盛期を過ぎると、ジャンプするアユの数は一気に少なくなる。もちろん、遡上するアユもいるが、河床のコケをのんびり食べている群れアユをよく見かけるようになる。こうした連中は、あまり遡上する気がなさそうに見える。

このようにアユの遡上行動は時期によって変わる。川の広い範囲にアユが住めるようになるためには——言い換えると川の生産力[20]を十分利用するためには——初期から盛期にかけての遡上する気満々のアユをスムーズに遡上させてやる配慮が特に大切だと思う。

稚アユが越えることのできない構造物に出くわすと、その直下に遡上アユが次々に滞留するようになる。そこでは、次第にやせたアユが目立つようになる。このような川の下流域では、漁期を通じて小型のアユばかりで漁にならないといった話もよく聞く。

遡上阻害によるアユの小型化は、過密による餌不足が原因であるとされている。やせたアユを見ていると、遡上にエネルギーを浪費して正常な発育に支障が生じているようにも見える。こういった連中は単にやせるだけでなく、その後の生き残りも悪くなるかもしれない。いずれにせよ、遡上を急ぐ（上る気満々の）アユを下流で足止めさせてしまうことは、結果としてその川のアユ資源を減少させることにつながってしまうことは強調しておきたい。

井口恵一朗さん（現長崎大学）によると、三重県の小さな川に「シオアユ」と呼ばれる、生涯、感潮域[21]で生活して上流に遡上しないアユがいるという。これは産卵期になってようやく川に遡上する琵琶湖のコアユ[22]に似ているらしい。この「シオアユ」の生きざまは、遡上する気のないアユの究極の姿なのだろうか。

それにしても、どうして遡上後半になると遡上する気が薄れるのだろう。

遡上行動は水温と深く関わっていることが知られているが、水温がある閾値を超えると、遡上行動にエネルギーを費やさなくなるのだろうか。アユの遡上にもまだ多くの謎が残されている。

6 なぜ川を上るのか？

アユはなぜ春になると川を上るのだろうか。いや、むしろ、なぜ仔稚魚の頃に海で生活するのだろうか、と言うべきか。このことを考えるには、実はもっと本質的なことが問題となる。それは、海と川を行き来するアユという魚は、もともとは海水魚であったのか、あるいは淡水魚であったのか、ということで、これによって解釈の仕方が違ってくる。ただ、専門家の間でも結論の出ない問題であり、とりあえず、どちらであったとしても大きくは矛盾しない範囲で話を進めることにする。

海と川の生産力を比較すると、高緯度地方では海で高く、低緯度地方では川で高い。つまり、寒い地域では海が住みやすく、暑い地域では川が住みやすいということになる。このことは一つの地域の中でも同様で、夏は川の生産力が高く、冬は海で生産力が高い。コイなどの淡水魚の多くは春から夏に産卵する。川の生産力が高い時季に産卵することで、子が生き残りやすくなるというのは合理的である。

ところがアユの場合、秋に産卵期を迎える。秋から冬にかけて川には餌が少なくなるため、ふ化した子が川で生き残ることは難しい。サケのように、じっと春を待つのも一つのやり方ではあるが、これだと、春までの栄養を体内に備蓄しておく必要があるので、大きな卵を産まざるを得ない。サケのように体が大きければそれでも良いのだろうが、アユぐらいの大きさでイクラほどの大きさの卵を産んでいたのでは、卵数がかせげない。これではデメリットが大きすぎる。結局アユが選んだのは、生まれた直後に暖かで餌の豊富な海に下って、そこを成育場とするというやり方であったのだろう。

海と川の良いとこ取り

このように季節によって変化する「自然の生産性」という側面からみると、一見節操のないように見えるアユの暮らし方――夏場は川で生活し、冬は海で生活する――というのは、実は相当にうまいやり方ということができる。海と川を行き来することで、巧みに両方の良いとこ取りができるようにアユの生活史は進化したのかもしれない。

一つだけ見落としてはならないことは、このような巧みな生活史を獲得するには、相当な犠牲と気の遠くなるような時間の経過、さらには幸運があったということで、例えば、生まれた直後から淡水でも海水でも生活できるというアユの体質は、驚異的ですらある。

現在、日本の川は堰やダムが造られ、アユの回遊にも支障をきたしている。長い時間の中でやっと獲得されたアユの生活史が簡単にゆがめられるのを目のあたりにすると、やり切れない思いがする。

7 どこまで上るのか？

北海道の道南地方を流れる朱太川は、本流に魚の遡上を阻害するような構造物が1つもない珍しい河川である。そのため、人為的な影響をまったく受けない自然なアユの分布（遡上範囲）を観察することができる。その朱太川でアユの調査をする機会に恵まれ、2011年から通っている。

これまでの調査でわかったことの一つは、毎年個体数に変化はあるものの、イワナが棲むような源流近くまでアユは遡上するということ。水温が低く川幅が2mほどの細流にまで遡上することに何のメリットがあ

■本流にはアユの遡上を遮るものが何一つない朱太川

るのか理解に苦しむのだが、とにかく毎年、律儀に遡上してくるのである。

もう一つわかったことは、河川への遡上数が多い年ほど、源流で観察されるアユの数が多くなること。つまり、アユが川を遡上する距離は遡上量と関係があり、遡上量が多い年ほど上流へと分布を広げる傾向がある。遡上量が多いと過密になるわけで、これを避けるために上流へと分布を広げるのだろう。

では、どんなアユが上流へと向かうのか？

この疑問は愛知県の矢作川で調べる機会があった。

河口からの距離が異なる３地点で遡上期のアユを採集して、そのふ化日や成長率を調べてみると、大まかな傾向として上流ほど早生まれの魚が多いこと、そして同じふ化日で比べると上流ほどふ化後の成長率が良いことがわかってきた。どうやら、早く生まれて成長の良いアユは上流を目指す「意志」が強いと考えてよさそうである。

高知県を流れる四万十川最大の支流である梼原《ゆすはら》川では、ダムができる前は「津野山《つのやま》アユ」と呼ばれる巨大なアユがたくさんいたという。これらのアユはじつに１５０㎞ほども遡上したことになる。その正体は早生まれで成長率の良い特別なアユだったのだろう。

ところで、アユにとって上流に上ることは得なことなのだろうか？　産卵期までに十分大きくなることができるのであれば、必ずしも上流に上る必要はないという気がする。特に高知県の河川の多く

■上流を目指すアユ

物部川、3月

は勾配が急で、河口付近でさえアユが好む大きな石がごろごろしており、上流と下流で餌の質や量に極端な差はない。むしろ、水温が高い分、下流の方が住みやすいようにも思える。

上流を目指さないアユ

そんなことを考えていたら、2004年の3月に安田川の河口近くで「上流を目指さない」アユを見つけてしまった。体長は10㎝前後とまだ小さいものの、胸の黄色い模様がまぶしい立派な「定着アユ」が数十尾。その後、物部川でも見かけた。どうやら私が気がつかなかっただけで、あまり珍しいことでもないようだ。

あるアユの専門書には「最上流部まで達する強壮なものと上流に達しない虚弱なものとの個体差が見られる」とあるが、別に体力の差だけで遡上する距離が決まるのではないのだろう。下流に住む「強そうなヤツ」もいれば、上流で弱々しい稚魚を見ることもある。むしろ密度や餌の採りやすさなどの様々な要因を考慮して、定着に都合の良い場所を自分の意志で決めているように思える。

残念なことに、アユに上流を目指す意志があっても、ダムや堰があればその下流に定着を余儀なくされる。せめて私たちの生活が彼らに多大な迷惑をかけていることだけは忘れたくない。

した後、出水とともに海に出て、再び河川に回帰した個体、すなわち「差しもどしアユ」がいることを確認した。そして、海に出た個体が河川に再遡上するまで2週間程度海で生活できることもわかったのである。

■2004年の台風10号の後の物部川

差しもどしアユ

洪水の際、アユは流されないように淵の岩かげや水没した河岸の低木帯のようなところに避難する。しかし、洪水の規模が大きいと海まで流されてしまう（能動的に海まで下っているのかもしれない）アユもいて、洪水の後、定置網にアユが入るという話を漁師さんから聞いたことがある。

一旦、海に出たアユは川の水位が下がり、濁りも取れ始めた頃に川に戻る。このようなアユを昔から「差しもどしアユ」と呼んでいるのだが、差しもどしといっても必ずしも元の川に帰るわけではなく、周辺で最初に濁りが取れ始めた河川に入ることが多いらしい。

筆者も差しもどしアユ（と思われるアユ）を何度か見たことがある。2004年の8月、物部川は台風10号の大雨で洪水に見舞われた。台風の後、水位が下がっても強い濁りは取れず、その状態が1ヶ月以上続いた。物部川の東隣には烏川（香宗川の支川）という川幅5mほどの小河川があり、普段ここでアユを見たことがなかったのだが、台風の1ヶ月ぐらい後にその烏川の下流部でアユの群れを見かけた。サイズも20㎝ぐらいはあるうえに数も多かったので、もともといたアユとは考えられず、物部川のアユが海を経由してこの川に入った可能性が高いと思われた。

ところで、ここまでの話は科学的な証拠にもとづいているわけではなく、状況から考えて「差しもどしアユ」がいると言っているに過ぎない。ところが最近になって、科学的なデータをもとに「差しもどしアユ」の存在が確認された。

確認したのは南雲克彦さん（国土交通省）らで、黒部川で採集したアユの耳石に含まれるストロンチウムとカルシウムの比（海水で生活している時期はストロンチウムの割合が高くなる）から、回遊履歴を調べた。その結果、河川で一定期間生活

第2章 変化する川とアユ

1 危機に瀕する、日本の川の生態系

2013年、アジア開発銀行が「水の安全保障」という水環境に関する調査結果を発表した。調査はアジア太平洋の49の国と地域が対象で、生活用水、工業・農業用水、都市インフラ、河川環境、災害耐性の各項目について、5点満点で評価し、水の安全度を指数化した。

日本の総合点は3点で、内訳を見ると、生活用水、工業・農業用水は4〜5点と高い評価を得たのに対して、河川環境は危機的レベルである2点となっている。つまり、水を利用することには長けているが、自

アジア開発銀行がまとめた「水安全指数」

国	水安全指数	生活用水	工業・農業用水	都市インフラ	河川環境	災害耐性
オーストラリア	4	5	3	3	4	4
日本	3	5	4	2	2	3
シンガポール	3	5	3	3	2	4
中国	2	3	4	2	2	2
タイ	2	3	3	2	1	2
インド	1	1	3	1	1	2

然環境を守ることはおろそかにしているということになる。

新聞報道によると、河川環境の2点という低評価の理由として生態系の保全が不十分なことが指摘されたようである。環境立国（と自認している）日本で生態系の保全が不十分というのは、意外な感じがするかもしれない。しかし、その評価は妥当なものだろう。

環境省が2013年に公表した「レッドリスト（絶滅のおそれのある野生生物の種のリスト）」によると日本の淡水・汽水魚はおよそ400種で、このうち167種（42%）が絶滅危惧種に指定されている。この中にはわれわれ日本人の大好物であるニホンウナギも含まれている。さらに、準絶滅危惧種が34種選定されているので、これを含めると実に半分を超える種が「危ない状態」にあるということになる。日本中を見渡せばまだ数の多い天然アユにしても、2015年に名古屋市は絶滅危惧種に、岐阜市は長良川の天然遡上アユを準絶滅危惧種に指定した。

世界農業遺産と絶滅危惧種

2015年「清流長良川の鮎」が世界農業遺産に認定された。世界農業遺産とは、伝統的な農業とそこで育まれてきた技術、文化、風景、生物多様性等を保全するために、世界的に重要な地域を認定するもので、持続可能な農業の実践地域が対象となる。

長良川は日本屈指の清流であり、その清流やアユが地域の経済や文化に密接に結びついていること、鵜飼いなどの伝統漁法が継承されていることは、世界農業遺産にふさわしいと感じる。

その一方で、気がかりな点もある。先のとおり岐阜市は長良川の「天然遡上アユ」を準絶滅危惧種に指定した。この指定には多くの反論があるようだが、私は妥当な措置だと考えている。その理由は長良川のアユの放流量の多さで、実に年間40トンにも達している。高知県一県分をはるかにしのぐ量が長良川一河川に放流されているのである。標準的な種苗単価で計算してみると、1億5千万円程度となる。

これほど大量の放流を行わなければアユ漁が維持できないのであれば、天然アユ資源は低水準となっているだろうし、種苗の無制限な添加が天然の個体群に及ぼす悪影響さえ心配される（203ページ参照）。なにより、1億5千万円もの種苗放流によって維持されるシステムを「持続可能」と言えるだろうか。

「清流長良川の鮎」のサブタイトルは「里川における人と鮎のつながり」である。意地の悪い見方をすれば、現在の「人と鮎のつながり」は放流によってかろうじて維持されていて、認定の要件である持続可能性の基盤は脆弱と言わざるを得ない。ここでも、生態系の保全がおざなりにされたまま、人の利用が先に立ってしまっている。できることなら、この認定をきっかけに天然アユがたくさん遡上する長良川を取り戻す活動へと発展することを期待したい。その取り組みこそが「人と鮎のつながり」なのではないだろうか。

2 川の濁りがひどくなった

川に潜るという仕事柄、最近困っているのは透明度が悪くなってきたことで、いつも霞がかかったようになってきた。１９８０年代であれば10ｍほど先にいる魚も観察できる川が多かったが、今では５ｍ先が見えればかなり良い方だろう。

このような本当に軽い濁りは、水を分析しても数値にはなかなか出ない。まして、上から見るぐらいではまったくわからないため、ほとんどの人は気がついていないかもしれない。

しかし、川が「濁りやすくなった」「一度濁ると濁りが取

■石の下から舞い上がる濁り

安田川

れにくくなった」と言えば思い当たる人は多いのではないだろうか。一見きれいに見える川でも、よく見ると水際には細かな砂や泥がべっとりと堆積していることがある。水中の石をめくると、舞い上がる泥で一瞬何も見えなくなることもある。川の中に濁りの元になる泥が多くなってきたのは間違いないようだ。

川と山は通じている

原因はいくつか考えられる。山腹の崩壊、道路工事、裸地の増加等々。なかでも山林の荒廃は多くの人が指摘している。

手入れされていない植林地の林床は、地肌がむき出しになっていて、雨が降れば洗われた表土が川に流れ込む。

対策として森林の整備を口にするのはたやすい。しかし、間伐を体験した人なら急峻な山中で「整備する」ということがいかにきつい作業であるかは理解できるはずだし、現在のように木材価格が低迷する中、関係者だけでの対応は事実上不可能に近いだろう。

そういった八方ふさがりの中、香美《かみ》森林組合（野島常稔組合長）では山主さんの協力を得て、物部川の支流である日ノ御子《みこ》川の河畔林（川沿いの林）の整備を行うことを決めた。土砂が川に流れ込むのをくい止める役割や魚の生息場の保全といった公益的な効果が期待されている。今後こういった取り組みが広がりを見せるためには、それを支援するシステムづくりが不可欠となる。多くの人々の理解と後押しが欲しい。

田んぼと川も通じている

１９９０年代に入った頃からは田植えの時期（３～６月）に田んぼから流れ出る濁りもひどくなってきた。四万十川や物部川のような大川でも、潜水調査ができないほど濁ることがある。田んぼからの濁りは、それが目立つ流域とそうでない流域に分かれる。その違いはどうやら圃場整備（構造改善）の進行と関係があるようで、整備の終わったところでは、大量の濁水が川へと流れ込むようになっている。

代掻《しろか》きの頃に様子を見てみると、田んぼに水を入れながら、耕耘している。あふれる泥水は、水路へと排水され、河川へと流れ出る。構造改善によって、水を自由に使うことができると同時に、大量の濁水を川に排出できるようになったらしい。

便利さが環境に悪影響を与えるという今日的な問題をここにも見ることができる。長年培ってきた節水型の農法は決して失ってはならないものだと思うのだが。

図　平均濁度とアユの減耗率の関係（高橋、未発表）

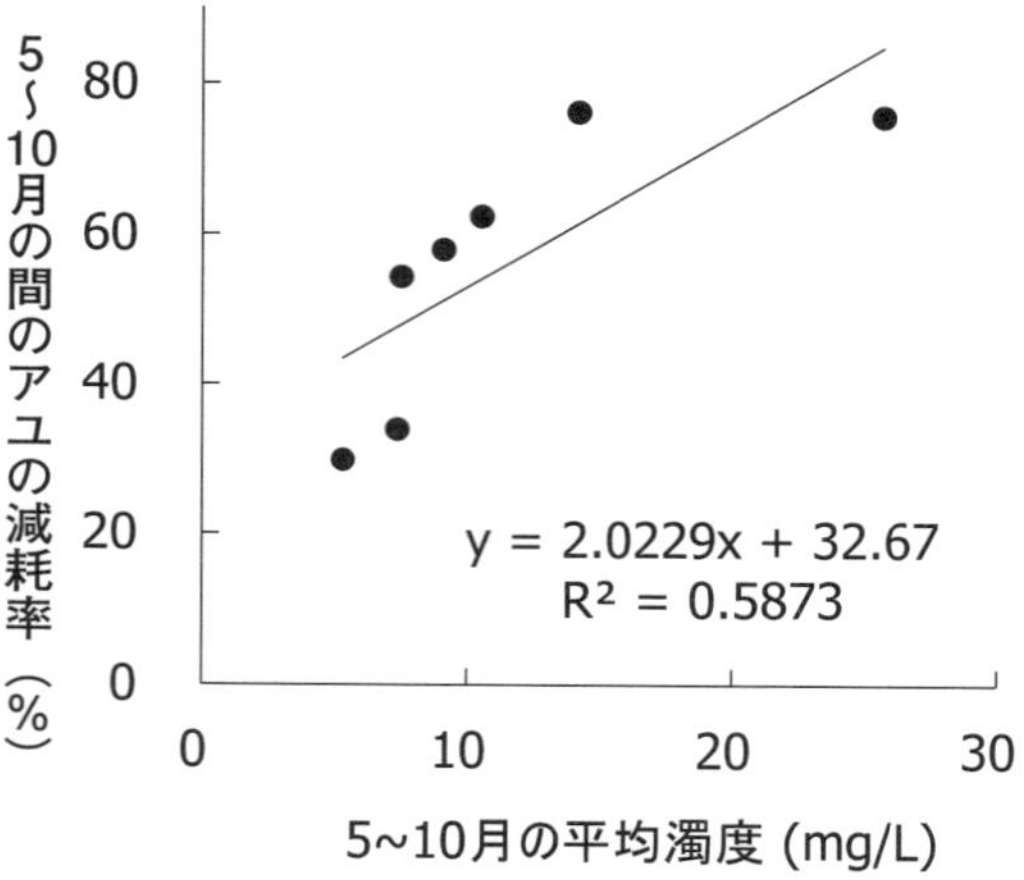

ダムによる濁りの長期化

高知県の奈半利川は中流から上流に発電用のダムが3つあって、ダムによる濁水の長期化（大雨の後、濁りが1ヶ月前後続く現象）がしばしば起きている。

この奈半利川でアユの生息量を毎年5月と10月に調べており、そのデータを使って5月から10月の間のアユの減耗率（減少率）を計算してみた。まだ7年分の分析しかできていないが、減耗率は30〜80％まで年によって大きく変動した。

アユの減耗に影響力が強いのは、一般的には人による漁獲なのだが、奈半利川の場合、釣り人（網漁も含む）の数が少ない上に、その人数の変動も小さいこともあって、漁獲数を試算してみると減耗率の変動にあまり強い影響力は持っていないと判断できた。調べる中で浮上してきたのが濁りで、図のように平均濁度とアユの減耗率は正の相関があり、統計上も有意であった。つまり、濁度の平均値が高くなるような現象――例えば、濁りの長期化――が起きるとアユは減耗しやすいということが示唆されるのである。

我が国の河川にはすでに２７００基を超えるダムが建設されており、濁水の長期化が問題となっている河川も多いため、同様の減耗が起きている可能性がある。そのうえ近年ではダムの排砂事業なども新たな濁りの負荷源として加わってきた。近年の降雨強度の強まりに伴い、川が濁りやすくなっていることも指摘されている。このようなことを考えれば、濁りの影響に対しては、より一層の注意が払われるべきだろう。

3 伏流する水が少なくなった

清流の呼び声が高い高知県の四万十川も潜ってみると意外なほど透明度は悪い。夏場だと3m先のアユが確認できれば良い方である。

ところが、場所によっては10m以上もクリアに見える所もある。例えば、黒尊《くろそん》川の合流点付近（四万十市西土佐口屋内《くちやない》）にある入り江は、水中にいることを忘れてしまうくらい透明度が高い。入り江の奥から大量の伏流水（河原の下を流れる水）が湧き出ていて、四万十川の本流とは別の世界を作っている。

川の中の療養所

こういった伏流水は透明度が高いだけでなく、1年を通して水温の変化も小さい。そのため、夏には川の水を冷房し、冬には暖房する、いわば「エアコン」のような働きをしている。

■伏流水の湧出で透明度の高い入り江

物部川

魚たちもこのことを知っているのか、こういった入り江に病気やケガで弱った魚が入り込んでいるのをよく見かける。流れが緩く温度の変化が小さいため、体力を使わずにすむのだろう。川の中の「療養所」といった趣がある。

私の知る限り、四国で一番伏流水が多い河川は徳島県南部を流れる海部《かいふ》川である。この川は透明度が良いだけではなく、大量の伏流水で水温の上昇が抑えられるため、夏場の渇水期でも水温が低い。川が本来持っている自浄作用や水温の安定化といった機能を実感できる貴重な川である。

このように川にとっては大切な伏流水であるが、１９９０年代に入った頃から湧き出る場所がずいぶん少なくなってきたように思う。四万十市勝間《かつま》付近の四万十川では、２００１年には川岸から大量の伏流水が湧き出る場所があったが、２００４年はそれがなくなっていた。

四万十川で長年川漁をされている一藤貞男さんや船大工の加用克之さんにお話を伺うと、四万十川が変わってきたことについて、伏流水が湧き出る場所が少なくなったことを一番にあげられる。川とともに暮らす人にとって、伏流水の減少は気がかりなことのようだ。

砂利の目詰まりでコンクリートのような河床に

ところで、どうして伏流水が減少しているのだろうか？

はっきりしたことはわからないが、私は河床の砂利が砂や泥で目詰まりを起こして、水の通りが悪くなったことが一因と考えている。

というのも、砂利の間に砂や泥が詰まり、まるでコンクリートのようになった河床を目にすることが１９９０年代に入ってから多くなったからである。アユの産卵を調べるために河床を掘ってみると（アユの卵は川底の砂利に産み付けられる）、舞い上がる泥の量に驚くことも多くなった。

川に流れ込んだ流域からの土砂――そのほとんどは人為的なものだろう――は確実に川の中に蓄積されている。こういったことが当たり前になる前に何とかしたいものである。

4　漁場を診断する

ここ数年、漁場診断の依頼が急増している。アユの生息場という観点から河川環境を評価するという調査で、アユの視点での「川の健康診断」と言えばわかりやすいだろうか。このような依頼が急増する背景には、これまでのやり方ではアユ漁場を形成することさえ難しくなったという川の事情がある。

依頼があった川に実際に潜って、川の状態を観察したり、過去の調査データを分析したりするのであるが、調査の依頼があるだけに様々な問題点を抱えていることが多い。代表的な問題点とも言える魚の移動阻害（遡上・降下阻害）や河床の変化について事例を紹介する。

問題の多い魚道

堰などの構造物によって魚の移動（遡上・降下）が阻害されている事例は多い。水産資源保護法で

■河床低下によって上り口に大きな段差ができた魚道

高知県物部川

構造物の設置者あるいは管理者には魚の移動を妨げないようにすることが義務づけられているが、この法律自体があまり知られていない。

宮崎県の耳川では、下流から数えて2つ目と3つ目のダムには魚道が建設されているのに、新しく造られた最下流のダム（大内原ダム）には魚道がない。生き物に対する配慮が場当たり的に行われてきたことを証明するかのような事例である。

こういった遡上阻害の解決策は魚道を新設または改修することであるが、そこにも問題が潜在している。例えば、災害復旧の際、「原形復旧」が原則となっていることも問題を生んでいる。堰が被災し、それを復旧する際に魚道も修復されたものの、もともと遡上できない魚道でも「原形復旧」されるために、修復後も遡上できないといった悲しくなるような事例は少なくない。

また、本来は機能的な魚道が機能しなくなるパターンとして多いのが、堰の下流側の河床が低下して、魚道の上り口に大きな段差ができている事例である（右ページ写真）。堰は川の中にできる「段差」であるために、その直下は洗掘され河床低下を起こしやすい。にもかかわらず、魚道の上り口は工事の時の河床の高さに合わせることが多いために、数年後には魚道の上り口に大きな段差ができてしまうのである。

堰による降下阻害

堰による魚の移動阻害のうち、遡上阻害は魚道の改良などの具体的な対策がわかりやすいのに対して、アユが産卵場に向けて降下する際や産卵場でふ化した仔魚が海へと降下（流下）する際の降下（流下）阻害については、目に付きにくいためか意外に問題視されない。おまけに問題が明らかになっても対策が難しい。

アユの産卵場の下流に堰（河口堰等）があるケースは特に深刻で、産卵場でふ化した仔魚が取水口に吸い込まれるだけでなく、堰の貯水池にトラップされてしまい次なる成育場である海や汽水域に到達できずに死亡する確率が高くなる。詳しくは本書の１６３ページで解説してあるので参照されたい。

対策は堰の貯水池の通過スピードを上げることにつきる。そのためには流量を増やすか、堰のゲートを倒して、貯水池の流れを良くすることが効果的なのだが、どちらも関係者（利水者、管理者）の協力を得ることが難しい。このような理由から、産卵場の下流に堰がある河川では天然アユが減って

■河床を埋め尽くすカワニナ

広島県可愛川

いることが多く、増えているという事例を私は見たことがない。

異常繁殖する生き物

かつては好漁場であった場所が不良漁場になったケースが全国的に増えている。このような河川に共通している現象の一つが川底が動きにくくなっていることである。例えば上流にダムがある河川では、ダムによる洪水調節がなされるために攪乱の頻度や強度が低下し、結果として川底が動きにくくなる。

そのような川ではカワシオグサ等の糸状緑藻やオオカナダモの繁茂によって、アユの生息場所が奪われたり、網漁がやりにくくなったりする。また、ヤマトビケラの仲間やカワニナ類が異常繁殖しているケースも多くなっている。これらはアユと同じように付着藻類を専食するため、密度が高い場所では、石の表面の付

■石の表面の付着藻類を食べ尽くすヤマトビケラ類

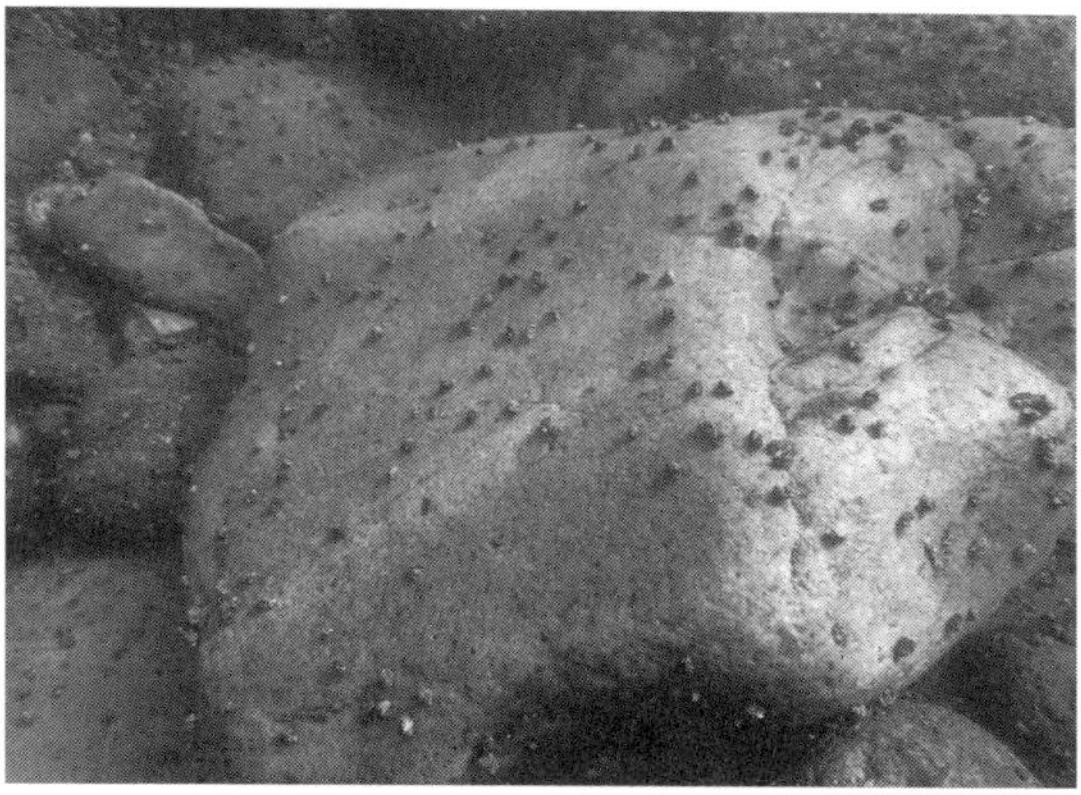

島根県神戸川

着藻類は食べ尽くされている。当然、アユが食べる餌が不足するため、異常繁殖した場所はアユに敬遠される。結果として、アユの不良漁場となるようである。

カワニナやヤマトビケラが異常というレベルで繁殖する理由の一つは川底の攪乱の頻度や強度が低下し、安定した生息環境が提供されたことにあるようだ。しかし、カワニナやヤマトビケラの繁殖が見られる河川でも、アユが多い河川では、アユがカワニナやヤマトビケラを排除するようで、カワニナやヤマトビケラは石と石の隙間に追いやられていることがある。

つまり、カワニナやヤマトビケラが異常繁殖できる背景には、ダムなどによって河床が過度に安定化したことだけでなく、餌をめぐる競合種であるアユの生息量が減ったこともあるようなのだ。

カワニナやヤマトビケラには捕食者が比較的少ない。そのために生産者である植物（付着藻類）から得たエネルギーが一次消費者であるカワニナやヤマトビケラの段階で留まりやすく、高次の消費者（ウナギやナマズなどの大型の魚類や鳥類）へと伝達されにくくなる。結果として、生態系全体の縮小が懸念されるのである。アユの場合は、比較的捕食者が多いので、伝達はうまくいくと考えられるのだが。

問題解決に必要な共通認識

河川の抱える問題は多様化しており、なかなか解決が難しい。関係者も多岐にわたることが多く、理解と協力を得るための調整さえなかなかうまくいかない。そのうえに直接的な被害者とも言える漁協（本当の被害者は生き物なのだが）が地域から浮いた存在となっているケースが多く、さらに問題を難しくしている。漁協と関係者との軋轢がある場合、いざ困った時になかなか協力を得られないのである。

そんな中、愛知県の矢作川では漁協の姿勢が大きく変化したことで、かつては漁協と敵対していた電力会社や水利組合の協力——アユのためのダムや堰の運用——を得られるようになっている。このことについて利水者である豊田土地改良区の三浦孝司さんはシンポジウムの席で次のように語っている。「以前は、たかり体質の漁協を軽蔑していて、お付き合いしたくないと思っていたのですが、矢作川漁協が変化し、今では矢作川の環境を一番考えてくれているのは漁協かなと思っています」。

その矢作川漁協は、２００３年に発表した「環境漁協宣言」の中で、河川の環境を最重視した活動を展開することを宣言している。

矢作川漁協の事例は希なものとしても、アユのような生物資源を漁協の専有物ではなくて、地域全体の共有財産と位置づけることはそれほど難しくはない（２１５ページ参照）。そうなれば、関係者の共通認識も育まれやすくなり、問題の解決に近づくのではないだろうか。

5 大量に存在する「上れない魚道」

川に堰を造ると、魚の移動が妨げられてしまう。そういった移動阻害を軽減するために魚道は造られている。

しかし、わが国の魚道は「無用の長物」といって差し支えないようなものが非常に多い。そして、このことはずいぶん古くから指摘されていて、例えば戦後間もなくＧＨＱの水産指導者から指摘されたという記録もある。

典型的な悪例は１６０ページの写真のように下流側に著しく突出した「下流突出型魚道」で、このタイプの最大の欠点は、魚が入り口を見つけることが難しいことにある。下流から上ってきた魚は堰からの落下水に誘われて堰の直下まで行き着いてしまうが、バックして魚道の入り口に行き当たる確率はきわめて低い。そこに魚道が存在することは、陸上からは容易にわかるが、水中ではきわめてわかりにくいのだ。実際このタイプの魚道が設置された堰の直下にはやせたアユ（過密で餌不足となる）が大量に溜まっていることも多い。

このような過密状態が長く続いてしまうと、鳥や大型魚の餌となることもあるし、成長が悪化してしまうこともある。そして、小型化した場合の最大の問題は、産卵数が大きく減少することにある。翌年の資源量にまで影響を及ぼす可能性があるのだ。

ただ、全国の河川の魚道を調べてみると、こういった下流突出型でも、魚が上れる可能性があるだけ「まだマシ」なのかもしれない。世の中にはもっとひどい魚道がたくさんある。例えば、魚道が損壊したり土砂で埋まったりして、機能を完全に失ったまま放置されている事例は、全国的に多いし、中には魚道の取水口を堰板（取水量を調整する板）で塞いで、平常時は魚道に水が流れないように「維持管理」するという驚くべきケースさえある。

さらには、２００年も前（日本は江戸時代）にスコットランドで開発された「導壁式魚道」を日本では近年まで（少なくとも１９９０年代まで）採用しており、今でもその数は多い。魚道の機能としては当然低レベルで、特に日本の河川のように小型の魚が多い場合は遡上効率が悪い。魚道がその機能を十分には検討されずに造られていたことを裏付ける「負の文化遺産」と言えるのではないだろうか。

なぜ、魚道は改良されないのか？

こういった問題が古くから指摘されながら、いっこうに改善されない背景には、大きく2つの理由

■入り口が下流側に突出した魚道。典型的な悪例の一つ

川棚川

■魚道を上れずに堰の直下に溜まったアユ

新荘川、3月

があるように思える。

一つは、魚道を設計、施工する土木技術者に魚の知識（あるいは愛情）が不足していることである。数少ない経験で言うのは気が引けるが、ヨーロッパの土木技術者は生物学的な知識や経験がかなり豊富なように思える。それと比較すると、日本の土木技術者で生物の知識がある人はあまりにも少なすぎはしないだろうか。

二つ目は建設費の問題である。わが国にも効率の良い魚道は存在するが、概してそれらは高額になりやすい。「わかってはいるんですが、何せ予算がなくて」という話はよく耳にする。ただ、これは良い魚道ができない理由としてはおかしいと思う。いくら安くできたとしてもそれが効果のないものであれば、「造らない」と同じことになる。それを繰り返すのは、無駄な投資を延々と続けることになる。

意地悪な見方をすれば、魚道は造ることだけが目的化されてしまって、魚を上らせるという本来の目的が忘れられているようにすら思える。そう考えると、魚道は壊れてもメンテナンスがほとんど行われないという現実が理解しやすくなる。

近年になって日本でも機能的な魚道が開発され始めた。１９９１年から国交省が始めた「魚がのぼりやすい川づくり推進モデル事業」によって、魚道の重要性が関係者に次第に認識されるようになったことが大きいと思われる。嫌みな見方をすれば「魚がのぼりやすい川づくり」という事業名は、日本の川が「魚がのぼりにくい川」になっていたことを国交省が認めたことでもある。その功績は大きかったのではないだろうか。

近年に登場した魚道の中には、日本大学の安田陽一さんらの開発した「台形断面魚道」、徳島大学の浜野龍夫さんと山口県の河川課が共同開発した「小わざ魚道」のように日本の河川特性にマッチした魚道が増えている。なお、「小わざ魚道」については、『天然アユが育つ川』、『アユを育てる川仕事』で詳しく解説してあるので参照していただきたい。

魚道の研究会などでは様々な工夫を凝らした魚道が紹介されるようになっており、マスコミもこれまできわめてマイナーだった魚道の問題を大きく取り上げることが増えてきた。良い風が吹き始めたような気がしている。

6 海にたどり着けない仔アユたち

夏の間、川の中流で育ったアユは、秋の気配とともに卵を持ち始め、やがて産卵のために下流へと下る。このような親の降下行動には、仔アユが生き残るうえで大きな意味がある。仔アユはお腹に卵黄という栄養源を抱えてふ化するが、卵黄はせいぜい４日程度しかもたない。この間に餌（プランクトン）の豊富な海へと下らなければ、餌のない川の中で餓死してしまうことになる。親の降下というのは子どもが海に到達する時間を短縮する役割がある。

愛知県の矢作川で海へと下る仔アユを調べたことがある。矢作川のアユの産卵場は河口から約50㎞上流の西広瀬《ひろせ》小学校から下流40㎞の間に形成される。この中間ぐらいのところに明治用水と呼ばれる農業用の取水堰堤があり、その上流に５㎞ほどの長さの貯水池を持つ。

この堰の直下で採集したアユの卵黄の大きさ、言い換えると栄養源である卵黄の消費具合を観察してみた。そうすると、明治用水よりも上流の産卵場でふ化した仔アユは、明治用水を通過する段階で卵黄をほぼ吸収し終えた状態、つまり飢餓寸前にあった。おそらくそのほとんどが海にはたどり着けずに、餓死しているのだろう。

一番の原因は海からあまりにも離れたところで親アユが産卵してしまうことにある。ちなみに高知県の四万十川ではアユの産卵場は河口から15㎞以内に形成され、仔アユは大半が1日以内に海へと下ることができる。これと比べると矢作川のアユは子を思う親の情に薄いのだろうか。

しかし、それはどうも誤解であるらしい。

明治用水から上流の産卵場は明治用水や越戸ダムの貯水池の流入部付近にのみ形成されており、親アユが貯水池を海と勘違いしている様子がうかがえる。あるいは貯水池のためにそこからは下ることができずに産卵するのかもしれない。

一方、仔アユの流下行動にも原因の一端がある。川の流れのままに海へと下れば、4日もあれば海へとたどり着きそうなものである。ところが、仔アユを調査する中で、昼間は能動的に川の底の方に沈んで流れないようにしているらしいことがわかってきた（この理由は46ページを参照）。

このような仔アユの行動は、単純に考えて海までの到達時間を2倍にしてしまうことになる。さらに上述した貯水池の存在が仔アユの流下スピードを大きく落としてしまっていることは想像に難くない。私たちの生活は知らず知らずのうちにずいぶんとアユに迷惑をかけている。

矢作川のケースでは、その後の調査で流量が多い年は比較的スムーズに貯水池を通過していることもわかってきた。ひょっとしたら水門の開閉操作である程度被害を軽減できるかもしれない。あるいは上流のダムからの放水量を流下のピーク時期に合わせて増やすことで、海までの到達時間を短縮できる可能性もある。

水利用と自然との調和は21世紀の課題である。

まで味が良くなったことだ。これには家内も驚いていた。

アユを「川の掃除屋」と言う人がいる。大量遡上に恵まれた2004年の物部川は、アユが「掃除屋」であることを改めて感じさせてくれた。それだけでなく、掃除の行き届いた川は「川の味」全体が良くなることも教えられた。

考えるまでもなく、アユが「泥臭い」のは決してアユのせいではない。物部川のせいでもない。私たちに電気や水を供給するダム、流域で行われる様々な工事、家庭排水、それらがアユを「泥臭い」ものにしている。それは私たちの社会のありようを映し出したものである。

「清流めぐり利き鮎会」はアユの味の違いを通して、「私たちが何をすべきか」を考えてほしいという趣旨で始まった会である。

200人以上の人がアユの味を評価する利き鮎会（高知市）

川の味を評価する利き鮎会

高知県友釣連盟（内山顕一代表理事）では、毎年「清流めぐり利き鮎会」を催している。全国40数河川から3000匹を集め、味を評価するという会で、私も何回か参加させていただいて、川によってアユの味がずいぶん違うことを実感してきた。

自宅から一番近い川ということもあって、物部川でアユ釣りをすることが多い。が、残念なことに味に関しては、これまで厳しい批判を受けてきた。

解禁初期の5月頃は問題ないが、水温が上がる夏場、特に水量が少なくなると、アユの香りがしなくなる。食べてみると、正直に言って「泥臭い」。友人のＦ氏は「はらわたを出して塩焼きにすると臭くない」と教えてくれたが、はらわたを食べてこそのアユだけに、「それもなぁ……」という思いがする。

「泥臭い」のはアユだけではなく、じつはボウズハゼやテナガエビも同じにおいがある。安田川のものと食べ比べてみると、味の違いが歴然としている。

2001年に和《にぎ》吾郎さん（西日本科学技術研究所）らと高知県内の主要河川のアユの胃の中身を分析してみた。そうすると、日常的に濁りのある川、例えば物部川では、アユの胃の中に砂泥分が多いことがわかった。濁りのもとになっている細かな泥分が石の表面に堆積し、それを藻類（コケ）と一緒に食べることで、アユの胃の中に取り込まれるのだろう。

2004年、物部川は何十年ぶりとも言われる大量遡上に恵まれた。川底の石の表面はアユによってピカピカに磨かれ、泥が堆積する暇もなかった。水際の石まで磨かれたようになっていた。

何よりもアユの味が変わった。美味しい。ダム上流の川で釣ったアユと食べ比べてみると、かすかに泥臭い感じがするが、よほどアユを食べ慣れた人でなければ気がつかないだろう。意外だったのはテナガエビ

7 魚に配慮することの難しさ

物部川の河口から7kmぐらい上流で2004年度に護岸工事が行われた。

この工事は「多自然型川づくり[23]」の考え方で行われていて、「その川らしい生物の生息・生育環境の保全・復元」(国土交通省のホームページより)が行われたことになっている。

ところが、この護岸工事が完了して以降、釣り人や漁協の人たちから「アユが捕れなくなった」という不満の声を聞くようになった。潜ってみるとアユは周辺と比べて極端に少ないわけではなかったが、サイズが明らかに小さい。確かに漁獲の対象となるような魚は少ない。

理由は簡単で、川幅が以前よりも広がり全体的に水深が浅く、かつ平坦になったためである。水深が浅いと外敵から襲われやすくなるせいか、アユ(特に大型)が定着しにくくなる。飼育実験でも水深が浅いと成長が悪くなることが確かめられている。

国交省に問い合わせてみると、この工事では低水護岸部分(水際付近)が従来のコンクリートでは

■物部川に作られた多自然型川づくりの護岸

なく、木枠（間伐材を利用）とその中に割石を入れてあり、木枠や割石で構成された隙間が魚やエビ、カニの隠れ場所となるように配慮されている。さらに、護岸の線形を波形にして、変化に富んだ水際を形成することも狙いとしてあるように見受けられる。

ところが、残念なことに水深が浅いため、木枠や割石で構成された隙間がほとんど空中に出てしまっていて、せっかくの魚への配慮も効果は薄い。もう一つ困ったことに、この護岸部分は高低差が1ｍほどあるうえに切り立っていて、人が川の中に入ることを困難にしている。一度そこから下りてみたが、濡れた丸太がすべって怖い思いをした。こうしてみると木と石という自然素材は使われているが、決して「多自然」ではなく「貧自然」とでも言いたくなってしまう。

必要とされる検証

ただ、正直言ってこういった批判をすることはたやすい。生物に配慮するということは本当は相当に難しいことで、自然の造形に勝るようなものを造るのは、至難の業ではないかとも思う。その途中過程で効果のないものができるのはむしろ当たり前かもしれない。

本当に問題なのは、その効果について十分な検証が行われていないことではないだろうか。そのために技術的フィードバックも十分でなく、効果のないものをずるずると引きずってしまうことになる。

「多自然型川づくり」のように環境にも配慮したものを造るとき、設計する人も施工する人も「よかれ」と思ってやっている。今回の工事にしても木枠に間伐材を使うことで、「いくらかでも山の保全につながれば」という思いもあったようだ。そこには決して「悪意」はない。それなのに川は確実に悪くなってしまう。

悪意がないだけに十分な検証がなければ反省は生まれにくく、いつまで経っても本物はできない。こういったことは川だけでなく、環境全般に関わる今日的問題ではないだろうか。

8 ダム湖でたくましく生きるアユ

熊野川は奈良県大峰《おおみね》山系に源を発し、奈良、和歌山、三重の3県にまたがる、流程183㎞の近畿地方最長の川である。この川の上流には3つのダムがある。上流から池原《いけはら》ダム、七色《なないろ》ダム、小森《こもり》ダムだ。ダム湖の規模は池原ダム湖が最も大きく、小森ダム湖が最も小さい。池原ダムはアーチ式ダムとしては国内最大の規模を持つ。[24]

これらダム湖で「アユが繁殖しているらしい」ことが地元の漁業者の間で言われていたが、詳しい実態は何も調べられていなかった。そんな中、川那部浩哉さんのご紹介で、これらのダム湖で繁殖するアユ（陸封アユ）の実態について2年間調査させてもらう機会を得た。1987年のことである。

ここでは、アユの産卵から遡上までの生活史を、この3つのダム湖を舞台にして追いかけてみたい。

①流入河川での産卵

アユはダム湖のどこで卵を産んでいるのだろうか。

ほかの事例を調べると、ダム湖と河川の境界付近（流入点）となっている。そこで9月と10月に、ダム湖に流入している河川をしらみつぶしに踏査してみた。なかには渓流のような小さな川もあった。半信半疑で河床の礫をすくって卵を探してみると、すべての河川でアユが産卵していることがわかった（写真）。どの川の産卵場も流入点からさかのぼって最初の瀬だった。

アユの産卵場の条件の一つとして、10㎜前後の砂礫が多いこととされている。ところが、ダム湖では大石がごろごろしているような川でもアユが産卵していた。

産卵場の水温は、9月には約17～19℃と産卵には適当な水温だった。10月になると、最上流の池原ダム湖の流入河川では、産卵適水温の下限に近い14℃前後まで低下した。一方、下流の七色・小森ダム湖の流入河川ではまだ17℃前後だった。

親アユを採って成熟状態を調べたところ、池原ダム湖の河川で採れたアユの生殖腺指数（精巣または卵巣の体重比）は9月から10月にかけて低くなった。ところが、七色ダム湖の河川では生殖腺指数が9月から10月にかけて高くなった。このことから、池原ダム湖よりも七色ダム湖でアユの産卵期が長く、産卵盛期は9月中旬から10月中旬頃と推定された。これは和歌山県下の河川（例えば日高川）での産卵ピークに比べて1ヶ月程度早い。山間部のダム湖では、水温が低く、日照時間が短いためにもに

■七色ダム湖の河川におけるアユの産卵と産み付けられた卵

（撮影：新村安雄）

■池原ダム湖の流入河川の産卵場

白川又川

産卵が早く始まるのだろう。

産卵魚はダム湖育ち？

9月に七色ダム湖の河川で採集した産卵魚には7㎝程度の小さなアユもおり、そんな小型のアユでもお腹には卵が充満していた。その大きさから、このアユは放流物ではなく、ダム湖で繁殖したものである可能性が高いと思われた。さらに、アユがまったく放流されていない池原ダム湖の河川でも産卵が確認されたことから、ダム湖で繁殖したアユが再生産をしていることはほぼ間違いないと考えられた。

②ダム湖での仔稚魚の分布

産卵場でふ化したアユ（体長5㎜前後）はダム湖に流下する。湖内でのアユの分布を知るため

■ダム湖でアユが食べていた動物プランクトン

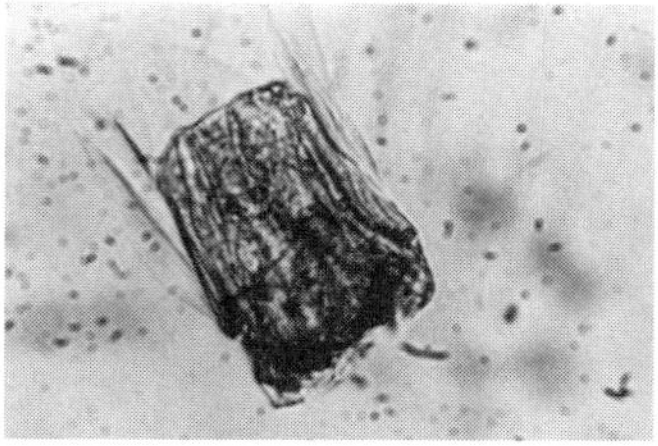

ハネウデワムシ

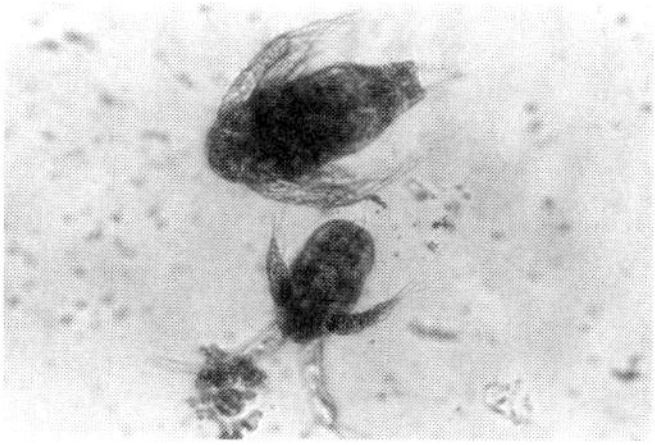

カイアシ類幼生

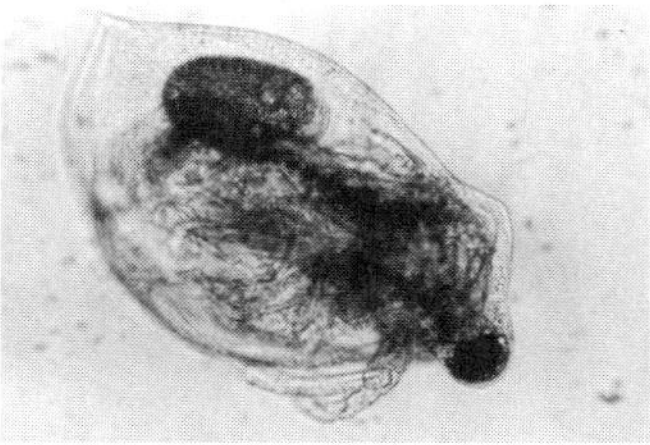

ネコゼミジンコ

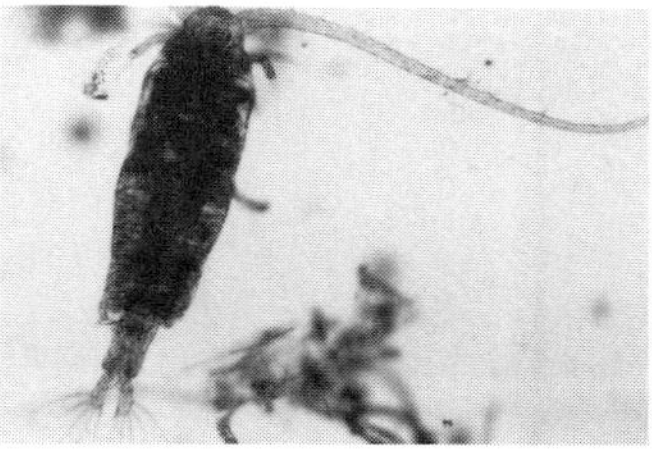

ヤマトヒゲナガケンミジンコ

（撮影：浜田理香）

に、ダム湖一帯で稚魚ネットを引いて回った。

池原・七色ダム湖では9月から1月まで連続してアユが採れた。しかし、小森ダム湖では12月以降にはほとんど採れなかった。

アユのサイズを比べると、池原ダム湖と七色ダム湖ではふ化直後の5㎜前後のものから20㎜前後のものまで採れたが、小森ダム湖では10㎜以上のものはほとんど採れなかった。小森ダム湖では、10㎜前後に成長するまでに大部分が死んでしまうようだ。

ダム湖のアユは何を食べているのだろう。

お腹の中を開けてみると、10㎜前後のアユは小型プランクトンのハネウデワムシやカイアシ類の幼生などを食べていた。15㎜前後に成長した仔アユは、大型のネコゼミジンコやヤマトヒゲナガケンミジンコなどを食べるようになった（前ページの写真）。

ヤマトヒゲナガケンミジンコという種は琵琶湖のアユの大切な餌である。池原・七色ダム湖におけるヤマトヒゲナガケンミジンコの量は琵琶湖に匹敵するものであった。したがって、池原ダム湖と七色ダム湖にはアユが育つだけの十分なプランクトンが繁殖している可能性が高い。一方、小森ダム湖ではヤマトヒゲナガケンミジンコの量が少なかった。小森ダム湖でアユが死んでしまったのは、餌となるプランクトンの量が少ないことに関係しているのかもしれない。

ダム湖内では、20㎜以上のアユはほとんど採集できなかった。一方、海では波打ち際のような浅場で20㎜以上のアユがたくさん採れる。そこで、ダム湖の浅場にもアユがいるのではと思い、湖岸で引き網を使ってサンプリングしてみた。しかし、この方法では1尾のアユも採れなかった。どうやら、ダム湖のアユは成長とともに浅場に接岸するのではなく、琵琶湖や池田湖のように沖合で生活しているようだ。海と淡水湖との間で仔アユの生息場所がまったく違うのはおもしろい。

ところで、琵琶湖のアユが沖合という空間に進出したのは、なぜだろう。岸沿いの浅場に捕食者が多く、沖合には捕食者が少なかったためだろうか。それとも餌が豊富にあったためだろうか。興味は尽きない。

■七色ダム湖の河川に遡上した稚アユ

（撮影：藤田真二）

③河川への遡上

２月になると、稚アユは遡上に備えて、ダム湖と河川の境界付近（流入点）に集まり始めた。稚アユは体長約４～５㎝に成長していた。塩分勾配のないダム湖では、河川に遡上する際の手がかりとして、ダム湖内の水温勾配や湖流を指標にしているのかもしれない。この時期のアユはまだ動物プランクトンしか食べていないものから、水生昆虫や藻類を食べているものまで種々雑多だった。

３月になると、河川水温の上昇とともに一部のアユが遡上し始めた。稚アユは体長５～８㎝に成長しており、藻類（コケ）食に完全に移行していた。４月以降、本格的な遡上が始まり、４月から５月にかけて遡上量も増大した（写真）。

■ダム湖から遡上した稚アユの大きさ（左：七色ダム湖、右：池原ダム湖）

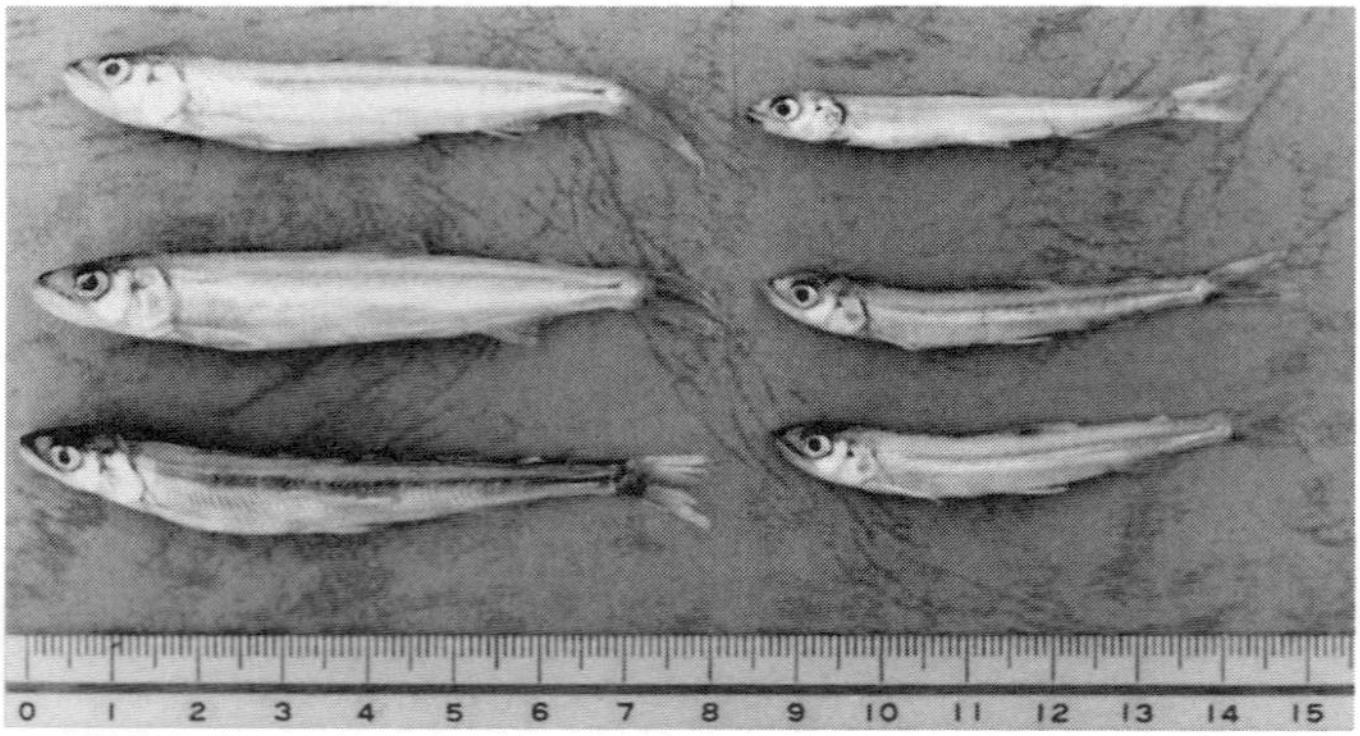

遡上のタイミング

水温は稚アユの遡上行動と深い関わりがあると言われている。七色ダム湖の河川でも、水温が12℃を超えると、遡上量が一気に増えた。逆に、水温が低下した日には遡上量が減少した。

池原ダム湖での稚アユの遡上時期は、七色ダム湖よりも少し遅れた。これは、標高の高い池原ダム湖の水温が七色ダム湖に比べて低いためだろう。さらに稚アユの成長も池原ダム湖よりも七色ダム湖で良いこともわかった（写真）。こうした成長の違いも、水温差による遡上時期の違いに関係しているのかもしれない。

それでは、各ダム湖の遡上量はどれくらいなのだろう。ダム湖の河川に潜って稚アユの密度を調べてみた。その結果、池原ダム湖での遡上量は約35万尾と推定され、七色ダム湖でも数十万尾の稚アユが遡上したものと推定された。稚アユは、流量の多い川ほどたくさん遡上していた。

一方、小森ダム湖では遡上魚がまったく見つからず、ダム湖での繁殖はないものと考えられた。一般に、ダム湖の規模が大きく、複雑な形状であるほど、湖水の交換率が低い。規模が小さい小森ダム湖では、湖水の交換率が大きいために、ダム湖内で仔アユの餌となるプランクトンが繁殖しにくく、アユも繁殖しにくいのだろう。

池原・七色ダム湖の主な河川はアユの漁場にもなっていて、そこに放流された稚アユはそれぞれ約13万尾、21万尾であった。この放流尾数と比べても、池原ダム湖や七色ダム湖で繁殖した天然アユの遡上量は決して少なくない。

ここで紹介したように、アユという魚はダム湖のような特殊な環境にあってもたくましく繁殖するケースがある。これはアユに限ったことではなく、海とのつながりを持つ多くの魚種で見られる。深い山奥の静かなダム湖で、子孫を残そうとするアユの姿を見ていると、自然な形ではないにせよ、そこでのアユの生活史をうまく循環させてやる手助けはできないだろうかと思う。

漁業あるいは遊漁の対象として利用されるのがアユの宿命である。

ダム湖で繁殖したバリバリの？　天然アユを放流種苗としてうまく活用できれば（サイズが小さく、利用しにくいという難問があるらしい）、ダム湖の有効利用としてのプラス面もアピールできるのではないだろうか。

9 ダムのある川

好調な川の共通点

全国的なアユの不漁傾向の中で、２００４年は球磨《くま》川（九州）、肱《ひじ》川、物部川（ともに四国）、矢作川（中部）、那珂川、相模川（ともに関東）、それに岩手県の中小河川などが好調であったらしい。調査をする中でこれらの川に共通点が２つあることに気がついた。

１つは「好調」の主な理由が「天然遡上が多かった」ことで、矢作川はその代表と言える。「なんだ」と思われるかもしれないが、天然アユは全国的に減っていて、今や「希少種」と言ってもいいほどである。

こういった天然遡上の不足を補うための放流事業は、近年その効果が極端に低下している。今、放流によってアユ資源を維持することは相当に難しいことなのだ。

ところが、これまで「簡単便利な放流」にのみ頼ってきたために、これがだめとなると打つ手がない。天然遡上を大切にしてこなかったツケが回ってきたことは、多くの漁協が自覚し始めたが、残念ながらその対策は見出せないでいる。

２つ目の共通点は先にあげた川の中で、岩手県の川以外はすべて「ダムのある川」ということで、これにはいささか驚いている。これまでダムはアユ資源にマイナス要因と考えられてきたが、必ずしもそうではないということなのだろうか。もっとも、ダムのある川で「アユがいない」という例はまたとあるので、楽観視することはできないのだが。

ただ、このことは私にとって大きな励みになった。というのもダムのような不利的条件のある川で天然遡上を増やすというのが私の当面の仕事であるためで、それが実現可能な目標であることを再確認する機会となった。

失われていく地元の活力

各地の河川に出かけて、地元の皆さんと話をする中で、改めてダムの「影」の部分を意識させられることが多い。冷濁水の長期化、河床の低下等々、そこには様々な問題が横たわっていて地元を苦しめている。大切なものが汚されていくような悲しさもいくらかは察することはできる。

しかし、そういった地元の「苦悩」を聞く中で、ある種の不安といらだちを覚えることも多くなってきた。あれもだめ、これもだめ、何をしてもだめ、ダムがあるためにすべてがうまくいかない、という話をしばしば聞く。

ダムというはっきりとした「悪者」がいるために、すべてをそのせいにすることができる。そういった中で、自分たちにできること、あるいはしなければならないことがあるということが、いつの間にか見えなくなってしまってはいないだろうか。ダムが原因でないものまでもダムのせいにしてしまっては、改善策も出てこなくなってしまう。

「うまくいかない＝ダムのせい」という思考のショートカットができてしまったかのようにも思える。そして川からアユはいなくなり、地元に活気もなくなってしまう。ダムの一番の怖さは、実はこんなふうにして、地元の活力が落ちてしまうことにあると思う。

変な付着物の正体は？

川に潜っていると、それが何なのかまったく見当さえつかない「変なもの」を目にすることがある。2013年5月、宮崎県の五ヶ瀬川の上流部に潜っていて、川底一面にぶよぶよとした焦げ茶色の付着物を見かけた。手で押してみると、つぶれて中から白いミズワタ状のものが現れた。

知り合いにこの話をしたところ、外来の付着藻類かもしれないということで、付着藻類の専門家である洲澤多美枝さん（河川生物研究所）らの論文を教えてくれた。

洲澤さんらによると、この付着物は無色の柄を持つ北米原産の珪藻で、アメリカ国内では本来の生息地の西部から東部へとマス釣りなどで人為的に拡大したと考えられ、日本では2006年に確認したとのこと。洲澤さんらが調査した筑後川では生態系への悪影響が懸念されるレベルで大量発生しているようである。

目に付きにくい付着藻類群集にも外来種の影響が忍び寄っていることには、気味の悪さを感じている。

■五ヶ瀬川で見かけたぶよぶよした付着物

（*Cymbella janischii*）

第3章 アユの放流と漁協

1 放流種苗の種類と特性を知る

アユがたくさんいる川にはほとんどの場合、漁業権が設定されていて、免許された漁業協同組合には増殖義務が課せられている。魚の「増殖」には漁業の制限（網の使用制限など）や生息環境の改善（産卵場の造成など）といったいろいろな方法がある。アユの場合は、種苗放流による直接的な増殖策がこれまで重要視されてきた。

この背景には、アユの放流がほかの魚に比べて効率が良いということがあったと思うが、「増殖義務」に対して暗黙のうちに数値目標が設定されていることも、「増殖＝放流」という構図を作り出した一因ではないだろうか。そこには放流以外の増殖策は数値化しにくいため、「管理に不都合」というお役所的な発想が見え隠れしている。

放流種苗は細かく分けるとかなり複雑で、種類も多くなる。おおざっぱに整理すると琵琶湖産（湖産）、海産（海で稚魚を捕って育てたもの）、河川産（川に遡上したものを捕まえて放流用に使う）、

■稚アユの放流

物部川、5月

人工産（卵のときから育てたもの）の４つに区分できる。

琵琶湖産は大正時代から放流用に使われてきた歴史がある。特徴は「釣りやすい」ことにあり、一時は放流種苗の花形であった。しかし、再生産に寄与しないこと（詳しくは後述）、冷水病を保菌している確率が高いことが明らかになり、現在では使用を控える漁協も多い。１９９９年では全国の放流量の半分以上を占めていたが、２０１５年には20％まで下がった。

海産は天然のものであるだけに、安定供給が難しい。最近は天然資源そのものが減少していて、放流量も減少傾向にある。そもそも自然に川に上ってくるものをなぜ放流用に仕立てるのか、という素朴な疑問もある。

河川産は現在ではごく少ないが、天竜川（静岡県)、日野川（鳥取県）、球磨川（熊本県）のように河口に入ってきた稚魚を採捕して、遡上できないダムや堰の上流河川に放流しているケースもある。

人工産の放流の歴史は古く、1898年（明治31年）に多摩川に放流されたのが最初のようだ。現在では放流種苗の主流となっており、2015年には全体の70%を占めるまでになった。以前は奇形魚が混じることも多かったが、今ではそういったこともほとんどなくなった。外見の違いは鱗が粗く見えることとぐらいしかない。人工産を細かく見ると、遺伝的には海産系、湖産系、両者の混血系の3種が存在するが、主流は海産系人工である。

人工種苗は生産者の努力によって改良が重ねられてきたが、釣り人の間では「釣れない」という認識が根強く、一般的な評価はやや低いようである。しかし、川によってはかなり良い成果をあげていることを考えると、「人工は悪い」と決めつけるのは放流の将来性をそいでしまうことになるのではないだろうか。種苗性、放流方法ともにもう少し改善できる点があるように思う。

今後も種苗の主流は海産系人工で推移すると予想される。それは再生産に寄与する可能性が高いことや遺伝的な攪乱といった問題が小さいためである。しかし、ダムの上流に放流するといったケースではこういったメリットは相対的に小さくなる。今後、冷水病の問題が解決されれば、再生産に関係ない水域では湖産アユ（釣りやすい＝回収率が高い）のニーズが再び高くなるかもしれない。

2 放流された湖産アユの運命

石川千代松さん（元東京大学）は、琵琶湖のアユ（湖産アユ）を河川に放流すると大きくなることを発見した。1913年のことである。これをきっかけにして、全国各地の川に湖産アユが放流されるようになった。

東幹夫さんは、佐賀県松浦川で流下仔アユを定期的にサンプリングして、早期に流下する仔アユは湖産アユの子であることを見出した。つまり、放流された湖産アユは産卵・ふ化しているらしい。淡水（琵琶湖）に適応した湖産アユの子は、はたして海で生き残ることができるのだろうか。

このことについて、東幹夫さんは湖産アユが放流されている川で産卵期が早まったという話がないことや（湖産アユは海産アユよりも産卵が早い）、遡上魚に湖産アユらしいものが混じっていなかったことなどから、湖産アユの子は海に流下しても生き残れないと推定している。

最先端の遺伝子研究からも、湖産アユの遺伝子を持ったアユは川に遡上していないことが報告されている。つまり、放流された湖産アユは産卵・ふ化しても、その子は遡上期までに海で死んでしまうということになる。湖産アユは、海産アユよりも産卵期が早いので、海に流下しても海水温が高すぎて死んでしまうのではないかと考えられている。実際に、湖産アユの子の海水に対する耐性は高水温下で低くなることが報告されている。

では、どの段階で湖産アユの子は死んでしまうのだろう。それを確かめることができるのだろうか。

海に湖産アユの子はいるのか？

1985年当時、木下泉さんは土佐湾の波打ち際にアユの子がたくさんいることを発見していた。もし、湖産アユの子が海で生き残っているのなら、早期（10月）に波打ち際に現れるアユの中に混じっている可能性がある。

ちょうどその頃、谷口順彦さん（当時高知大学）や関伸吾さん（高知大学）たちの研究によって、海産アユと湖産アユの遺伝的な組成（アイソザイム多型[25]）が違うことが明らかにされていた。この手法を使って湖産アユの子の生き残りの有無を確認できるのではないか。

そこで、高知市の種崎海岸で引き網を使ってアユを採集してアイソザイム（ＧＰＩ[26]）の遺伝子型を分析してみた。

図　種崎海岸で採集したアユのGPIアイソザイム遺伝子頻度（平均と誤差）

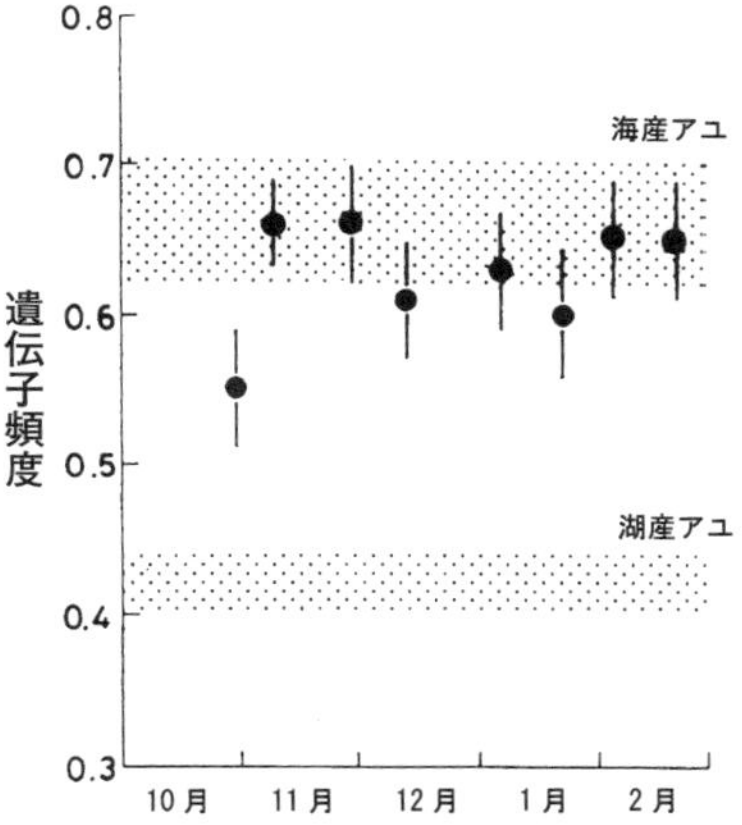

点模様の帯が海産アユと湖産アユの遺伝子頻度を示す
（Azuma et al.,1988を改変）

実験の結果は次のとおりであった。10月末に採集した標本のみ、ほかの標本と遺伝子組成が違っていて、湖産アユと海産アユの中間型を示した（図）。さらに、耳石によるふ化日の推定結果からも、10月の標本はほかよりもふ化日が早く、10月上旬生まれがいることがわかった。湖産アユの遺伝子を保有すると思われるアユの子が、海で確認できたのは初めてのことだった。

得られた結果から2つの解釈が可能だ。1つは、湖産アユ同士が交配した子が海産アユの子に混じっていた可能性。もう1つは、湖産アユと海産アユが交配した子が混じっていた可能性だ。実験結果からは、このいずれであるかは判断できなかった。

ところが、11月以降の標本では湖産アユの子と思われるものはまったく見出せなかった。湖産アユの遺伝子を保有したものは、その後の海での生活期間中に消滅してしまうのだろう。

幸いなことに、これまでのところ、遡上魚に湖産アユの遺伝子を持ったものは見つかっていない。しかし、飼育池の中で湖産アユと海産アユは容易に交配するし、野外の産卵場でも湖産アユと海産アユが混じっているという。万一、湖産アユが海産アユと交配するようなことがあってもその子が遡上期まで生き残る可能性はないと思われる。このことは海産アユの遺伝子の保全という観点からみれば非常に幸いなことである。

しかし見方を変えれば、湖産アユの放流によって、(量的にはわずかでも一番仔となる可能性の高い)海産アユの産卵が無駄になることがあり得るかもしれない。私たちの得たデータは1985年以前のものではあるが、そのような危険性が今日もまったくないとは言い切れない。

琵琶湖のアユの起源は約10万年前にさかのぼると考えられている。湖産アユと海産アユは別種ほどの差はないが、形態・行動・遺伝的側面からみて明らかに違う品種であるとされている。

湖産アユの放流は、海産アユと交配する可能性がなく、次世代の再生産に関与することのないように十分配慮しなければならない。

3 ベストなアユの密度とは？

「生息基準密度」という考え方がある。河川にアユを放流する場合に、どのくらいの密度になるように放流すれば適正に漁場（河川）を利用できるかという数字で、１９５０年代に京都大学の研究グループが、０・７尾／㎡（友釣りを前提とした場合）という数字を出した。これは今も「京都方式」という名前で呼ばれている。その後１９８０年代に各地の水産試験場が中心になり、同様の調査がなされた。１９８６年には０・３〜０・６尾／㎡という結果が得られている。

こういった値を見ながら、どうも合点がいかないな、という思いがしていた。40年近くいろんな川に潜ってアユの生息密度を調べてきたが、高知県の川を例に取れば、1尾／㎡ぐらいの密度でやっと「平年並み」と言われる漁獲量になる。先の基準密度であれば、ほぼ間違いなく不漁となってしまう。

密度が高くてもなわばりは作られる

実際、これまでの観察例を少し紹介すると、１９９９年には青森県の赤石川では平均で3尾／㎡（8月）ぐらいの密度を観測し、アユの多い場所では10尾／㎡もの密度に達していた。過密になると、なわばりができないと言われているが、そんな「過密」な場所でも竿を出してみると入れ掛かりになった。

２００４年、高知県の物部川は大量遡上に恵まれた。その年の平均密度は４・０尾／㎡（5月末）で、条件が良い時は1日１００尾を超す釣果も出ていた。サイズが小型化することもなく、20㎝を超える大型のアユもたくさん釣れていた。

２０１４年、福井県の九頭竜川中下流部では6月上旬の瀬の平均密度が４・5尾／㎡で、多いところでは9尾／㎡に達していた。さすがに成育状態は少し悪化（やや痩せ気味）しているように見えたが、それでもなわばりを持った個体は多かった。

こういったように、先の生息基準密度とあまりにもかけ離れて多い数値が観察されることは、それほど珍しいことではない。サイズは多少小型化する傾向はあるものの、それほど明瞭なものでもない。つまり、1㎡に2〜4尾ぐらいアユが生息していても別に問題となるようなことは起きないし、むしろ数が多い分長期間楽しむこともできる。ちなみに、神奈川県水産技術センターの相澤康さんらは、早川（神奈川）で環境収容力（ある環境において継続的に存在できる生物の最大量）からアユの

■定着したアユ。1㎡くらいのなわばりを持つ

奈半利川、5月

適正な資源量を試算しており、早川では6～9月には最大4～6尾／㎡の収容が可能という結果を得ている。この試算をみても2～4尾／㎡という密度は、十分現実的なのである。

ただ、これには少しからくりがある。高密度にアユが観察された赤石川、物部川、九頭竜川のいずれも天然遡上が主体で、サイズのバリエーションが大きい。10㎝に満たないものがいる横に、25㎝を超えるものもいるといった状態であった。つまり、すべてが漁獲の対象となるわけではなく、2軍、3軍（多くは群れになっている）と後に控えていて、大きいものが釣られた後に、補給されるような自然のシステムができている。

放流河川では放流時のサイズが均一になりやすいため、こういったサイズのバリエーションは小さく、ある程度釣られると後が続かなくなる。

先に紹介した「京都方式」は、0・7尾／㎡という数字だけが独り歩きしている感があるが、実はこの生息基準密度の3倍ぐらいを放流して、自然の状態に近づけることが望ましいとちゃんと書かれている。ただし、そのようなことが可能な裕福な漁協は少ないと思う。となると、「生息基準密度」というのは、漁協が現実的に放流可能な数量ということになるのだろうか？

もう一つ不思議なのは、ほとんどの漁協は川（漁場）の面積を把握していない。放流密度がわかったとしても、総放流尾数はどうやって計算するのだろうか？　これも長い間の疑問である。

４　種苗放流の功罪

ダムの建設や河川改修、水質の悪化、乱獲といった様々なことが原因となって、全国的に天然のアユが減少してきた。それを補うために種苗放流が活発に行われるようになり、２０００年頃には2億尾ものアユが放流されていた。

放流技術の進歩もめざましく、１９９０年頃にはすでに安定した成果を収めることができるようになっていた。その当時、「アユの放流は10倍になって返ってくる」と言われていて、例えばダムの上流に1トンの稚アユを放流すれば、10トンの漁獲をほぼ確実に得ることができた。放流の効果はきわめて高かったのである。

「放流万能」の落とし穴

最近、私はこの種苗放流の成功こそが天然のアユ資源の減少に拍車をかける要因となってしまったと考えている。なぜなら、簡単便利な放流という手段で漁獲量を確保できたために、「増殖対策＝放流」という短絡的な構図ができてしまったように思えるからだ。そして、ほかの増殖策、例えば漁獲の制限（保護区の設定等）や生息環境の整備（産卵場の造成等）といった天然アユを保護するための工夫は次第に疎んじられるようになってきた。ダムができても、改修工事で川が荒れても種苗放流で問題が解決できたのである。

増殖のための手段の一つに過ぎなかった放流は、あたかも万能の増殖策であるかのように勘違いされてしまったようにも思える。

１９９０年代半ば頃から各地の河川で冷水病が発生し、大量死やアユの活性の低下（なわばりを持たなくなる）も起きるようになった。時期をほぼ同じくして、カワウによる放流アユの食害も頻発しており、川によっては冷水病以上に深刻な問題となっている。冷水病の蔓延やカワウの食害は、アユの放流効果を大きく低下させていると考えられているが、その実態はよくわかっていない。

放流効果の1990年代と2000年代の違い

大阪から広島にかけての瀬戸内海は早くから沿岸域が開発されており、それに伴い天然アユの減少が他の地域よりも早く起きた。左ページの図はその中の代表とも言える兵庫県のアユの放流量と漁獲量を示したものである。増減のパターンだけに注目すると、放流量と漁獲量の推移はよく似ている。

図　兵庫県のアユの放流量と漁獲量

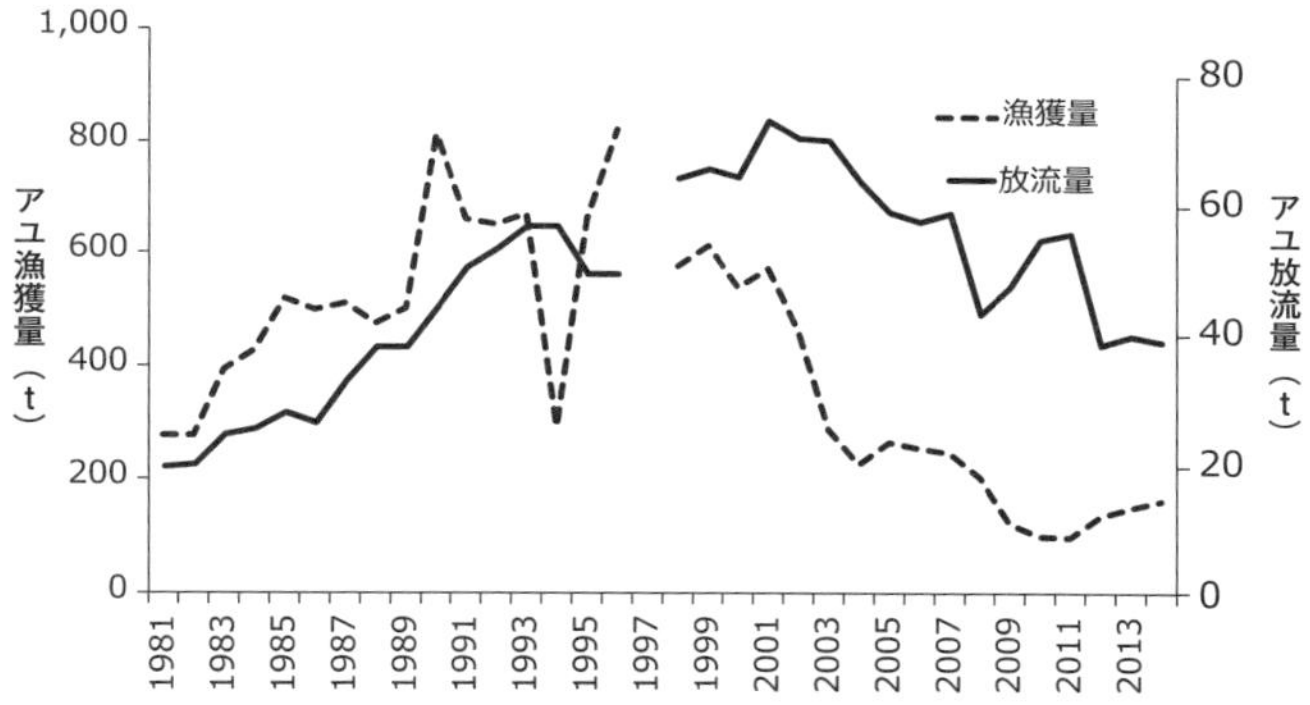

増減のパターンは同調している（兵庫県農政環境部農林水産局水産課調べ）

このようなパターンは、天然遡上が多い地域では見られず、主に放流によって漁獲が支えられている地域に特有なものである。

この兵庫県のアユの放流量と漁獲量の関係を冷水病やカワウの被害がなかった1990年以前と被害が大きくなった2001年以後に分けて分析してみた。そうすると、次ページの図のように、1990年以前は50トン放流すれば、800トンの漁獲があったのに対して、2001年以後は同じ放流量でも200トン程度しか漁獲できていない。単純に考えれば、放流効果は4分の1になっているのである。近年の放流種苗の大型化（同じ重量でも尾数は減る）や釣り人口の減少等の影響もあると考えられるが、やはり冷水病やカワウの食害による放流アユの歩留まりの悪さが放流効果の低下の原因となっていると見るべきだろう。そして、このような現象は兵庫県だけで起きているのではない。天然遡上が少ない河川の

図　兵庫県のアユの放流量と漁獲量の関係

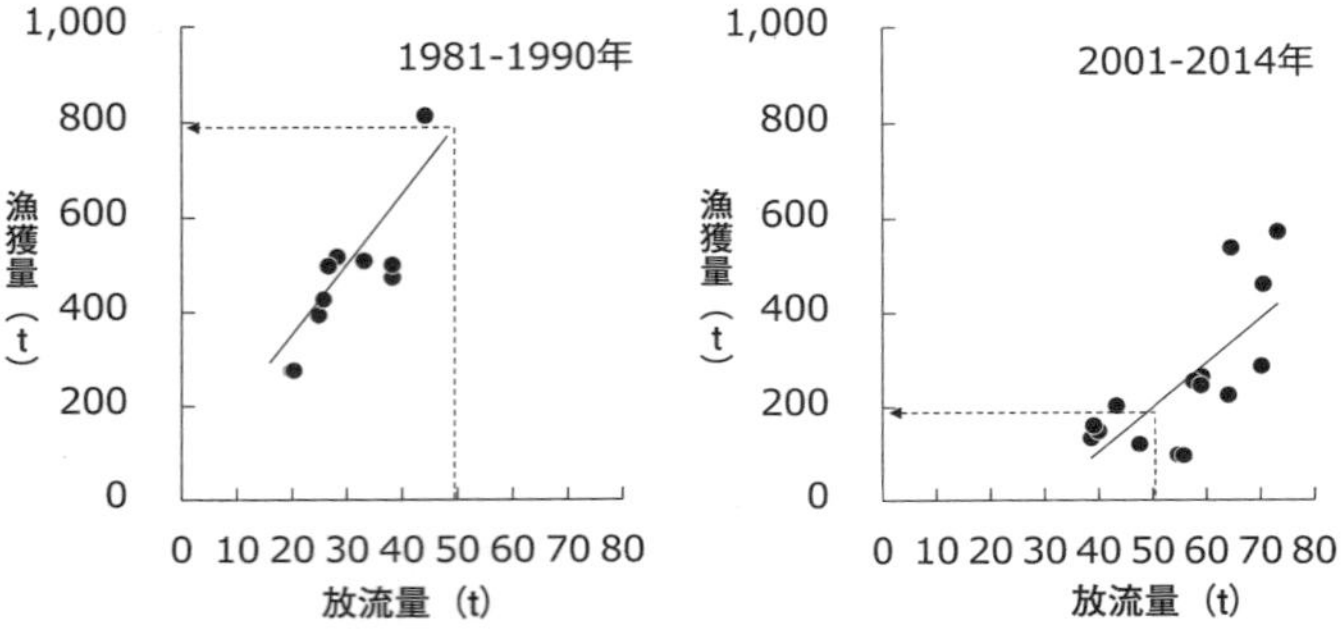

近年は同じ放流量でも1／4程度の漁獲量になっている

データを集めて同じ分析をしてみると、ほぼ同様な結果が得られたのである。

　このような放流効果の低下は、「万能」と思われていた「放流による増殖」という簡単便利な方法を成立しにくいものにしている。全国の内水面漁協の経営状態を分析した中村智幸さん（水産総合研究センター）は、天然アユがいない河川では放流で漁場を作ることが経営的に厳しくなっていることを指摘するとともに、その理由として、天然アユがいないと増殖経費（＝放流経費）が漁協の収入（組合員が支払う行使料＋遊漁者が支払う遊漁料）を上回る、つまり赤字になるという分析結果を紹介している。

　低下した放流効果を回復させる糸口はまったく見えない。せめて今の不漁が、種苗放流だけに偏ってしまったアユの増殖策を見直すきっかけになることを願う。

5　放流だけではアユは増えない

私の住んでいる高知県でもアユの種苗放流が盛んに行われていて、放流量は１９８０年代以降の20年間、ほぼ直線的に増加した。ところがこれに反して、漁獲量はこの間減り続けた。富山県等でも同じ現象が報告されている。

また、県別のアユの放流量とその年の漁獲量の間にはまったく相関はなく、放流量は少ないのに、たくさん漁獲されている県がある一方で、大量に放流しているのに漁獲量はごく少ないという県も少なくない（次ページの図）。つまり、放流量と漁獲量には密接な関係がないということになる。

このような事例は、天然遡上の多い地域ではアユの漁獲量の増減を左右するのは、放流量ではなく、天然遡上量であることを明確に示しているし、全国的に見ても放流で漁獲を維持するという方法は、必ずしも有効な増殖策ではないことを示唆している。

別の観点からも同じことを指摘できる。「最後の清流」として名高い高知県の四万十川は２０００

図　県別のアユの放流量と漁獲量の関係（2004年）

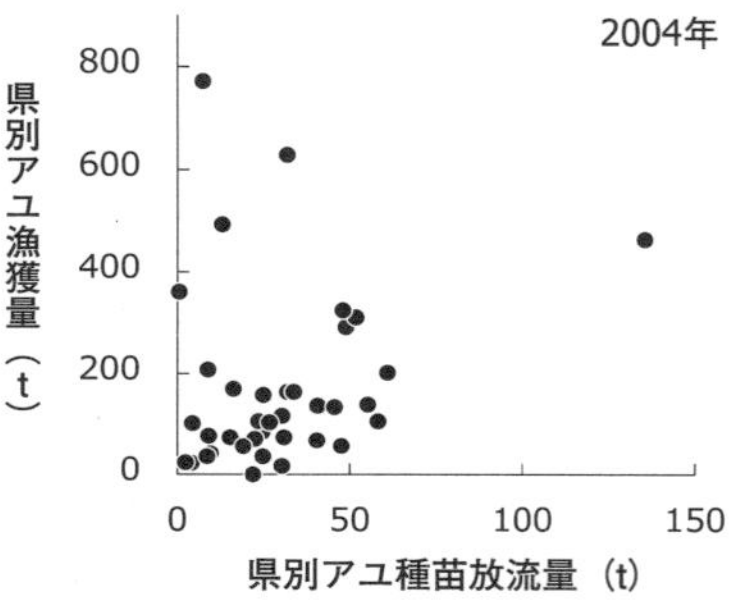

放流量と漁獲量に相関はない

年代に入って不漁が続いており、アユ資源の枯渇さえ心配されている。もしもこの川から本当にアユがいなくなり、すべてを放流でまかなわなければならなくなったとしたら、一体いくらかかるのだろうか？

　四万十川のアユの漁場の面積は約１１００万㎡（高知大学・故岡村収さんらの調査）。この川で「平年並み」と言われる年のアユの生息密度はおよそ１㎡当たり１尾である。したがって平年並みを維持するには１１００万尾の放流種苗が必要となる。種苗１尾の単価は40円程度（人工種苗の場合）なので、放流に必要な金額はおよそ４億４０００万円。現実には放流したすべてのアユが生き残るわけではなく、仮に歩留まりを50％とすれば、９億円近い費用が毎年必要になる。

　これは不可能としか言いようがない。

国の「増殖」方針に疑問

　このように少し冷静に計算してみると、種苗放流だけでアユを増殖することは無謀とも言え、天然資源を維持するための様々な対策が必要なことがわかる。にもかかわらず水産庁の通達では、「増殖」の軸となるやり方は種苗放流なのである。

高知県の新荘川、物部川、奈半利川等では、禁漁期や禁漁区を大幅に見直して、産卵期の親魚や卵を保護することに力を注いできた。こういった対策の効果は徐々に実を結び始め、いずれの河川とも近年、明瞭に天然遡上が増えており、かつ、その状態が安定してきた。親魚や卵を保護することが天然アユ資源を増やすうえで有効であることを実証したのである。

しかし、水産庁は「漁期や漁場の制限等の消極的行為は増殖に含めない」という通達を1963年から出し続けている。つまり新荘川等のやり方は水産庁には増殖策としては認めてもらえないことになる。

こういったことが影響しているのか、産卵の保護期間すら定められていない県もいくつかある。その中には地元漁協が禁漁期の設定を請願しても取り上げてもらえないケースすら出ている。

さらに最近になって、過剰な種苗放流が天然アユの成長に負の影響を及ぼすという研究結果が出た。長良川でアユの小型化問題を研究した間野静雄さん（当時三重大学）によると、近年の放流種苗の大型化に伴って、なわばりを作るうえで放流アユの方が天然アユよりも有利になり、結果的に天然アユは十分に成長できないまま産卵期を迎える可能性が高くなっているという。

そのうえで間野さんは、次のような懸念を示している。産卵期には放流アユの比率が著しく低くなるため、翌年の資源を支えているのは天然アユであることは間違いない。そのため、親となる天然アユが産卵期までに大きく成長できなければ、産卵の遅れや産卵数の減少にもつながる。

このように、国が進めた種苗放流に偏った増殖策は様々な問題点を露呈し始めていて、天然アユの増殖に対してはマイナスにさえなり始めたのである。

確かに種苗放流は有効な増殖手段であるが、あくまで数ある手段の一つでしかない。全国一律、どの川でも同じように効果的だとは言えない。本当は地域や河川の実態に応じた多様できめ細かな増殖策がなければならないはずで、それを怠ってきたツケが今の全国的な不漁を招いたというのは言い過ぎだろうか。ただ、このことは逆の見方をすれば、「お上」任せで「自分の地域に何が必要なのか」ということを真剣に考えてこなかったということかもしれない。

6　放流の意味を考える

全国各地で園児や児童によるアユやホタルの放流が行われている。そういったニュースを聞きながら時々思うのだが、子どもたちが魚やホタルを「放流」する意味は一体何なのだろうか？「環境保全の意識を育てるために」といったことが根底にはあるように思えるのだが（私の思い込みでなければ）、はたして放流をすることで環境保全の意識が芽生えるのだろうか？「放流しなければ、魚やホタルがいないほど身の回りの環境が悪くなってきた」という厳しい現実を教えているのであればいくらかは理解できる。しかし、そのような話を私は聞いたことがなく、単なるイベントにしか見えないこともある。

このような事例を見るにつけ、私たちの自然との付き合い方が薄っぺらなものになったことを否応なく感じさせられる。身近から生き物がいなくなったから放流するというのは、あまりにも安直で、放流はまるで壊れた機械の部品交換のようですらある。

■浅瀬で水しぶきをあげて産卵するアユ

四万十川、11月

産卵の場がない

全国的にアユの減少が進み、産卵期に親アユの数が不足している河川が多くなっている。それを補うために養殖池で育てた親アユを放流する河川も増えている。しかし、この放流もうまくいっているケースは少ないのではないだろうか。例えば静岡県の天竜川で、放流した親魚数とふ化する仔魚の数を分析してみると、両者に相関は認められなかった。この分析結果は親魚放流が必ずしも効果的な手段ではないことを示唆している。

実は親魚放流を行うような河川では、アユの産卵場の環境がかなり悪くなっており、天然のアユでさえうまく産卵できていないことが多い。まして、直前まで池で飼われていた人工のアユが、いきなり川に放流されてうまく産卵できるとは私には思えない。

誤解のないように説明しておくと、人工のアユでも産卵環境を整えたうえで、産卵のタイミングを見計らって放流すれば産卵する。しかし、今の「親魚放流」にはそういった細やかな配慮が欠落している。そこにあるのは、「放流すれば卵を産む」という思い込みだけである。

困ったことは放流がうまくいかないと、その原因が人工アユにすり替えられてしまうことである。

うまくいかないのは、人工アユのせいではなくて、「使い方」、つまり人の方にある。さらに言えば、こういった問題のすり替えは、その後の改善につながらず、無駄な投資が続くことにもなる。

園児や児童によるアユやホタルの放流は言うまでもなく善意の下に行われている。それだけに批判めいたことは口にしにくいのだが、子どもたちへと引き継ぐべきものを間違っているのではないかという不安をぬぐうことができない。

子どもたちには最後の命を振り絞って産卵する親アユの姿や群れをなして懸命に川を上る稚アユの姿を見せてあげたい。そういった生き物の姿を当たり前に見ることのできる環境を次の世代へきちんと引き継いでいきたいものである。

7 天然アユは誰のもの？

天然アユを増やすということに釣り人や漁協関係者だけでなく、一般の人の中にも関心を持ってくださる方が多くなってきた。こういった活動が広まり、やがて日本の川に天然アユが戻ってくることを夢見ているのだが、そうなった場合に気になることが一つある。

多くの川には漁協があり、「共同漁業権」が免許されている。漁業権は排他的に一定の漁業を営む権利で、その代わりに漁場を管理する、つまり魚を増やすという義務が課せられる。

問題なのはこの部分で、これまでのように種苗放流というやり方でアユを増やした場合、漁協が増殖義務を果たしているということが釣り人にも理解されやすく（少なくともお金を使っているということはわかる）、入漁料を徴収されることにさほど違和感はない。

ところが天然アユの場合、漁協が血のにじむような努力をしてそれを増やしたとしても、それが漁協の努力の成果なのか自然の産物なのかわかりにくい。「天然のものなのに金を取るのか」という釣り人の言いがかり（？）も理解できないわけではない。

そして、この問答は単純に見えて、実はなかなか奥が深い。

「入漁料」は川の維持管理費

それは、「天然のアユは誰のものか」ということが潜在的に問われているためで、本来無主物であるはずの天然アユを漁協の専有物のように主張しても理解されにくいだろう。

しかし、河川という狭い空間にあるアユという天然資源は、きちんと保全しないとそれを維持することは難しい。その狭間に漁協の存在意義があり、川にアユを維持する対価として「入漁料」という名の維持管理費を徴収すると言えばわかりやすいかもしれない。

今、天然アユを増やすためには、様々な人の理解と協力が必要となっている。例えば、アユにとって水が生存に不可欠であることは言うまでもないが、現実は甘くなく、矢作川（愛知県）や日野川（鳥取県）のように利水量の多い川では致命的なほどに川の水が減ることがあり、日野川では実際に死亡事故がしばしば起きている。

こういったことの解決は難しく、これまで対立する利害の「調整」という形で処理されてきたが、全国的に見てもどうもうまくいっていない。

アユが流域の共有財産であるという考え方に立たないと、協力や理解は得られにくく、結局アユは増えない。そして、市民の川やアユに対する関心が薄れれば、環境は確実に悪くなっていく。つまり、アユを守ることは流域の環境保全につながり、このことにおいて利害の対立は軽減されるのではないだろうか。

今の時代、「天然」のアユは「自然」に増えるものではないのだ。

8 変わる漁協、変われない漁協

各地の河川の漁協から、アユを増やすプランの検討を依頼されることが多くなっている。種苗放流に偏重したこれまでの増殖方法ではアユ漁場を形成することが難しくなり、漁協としても新たな漁場管理の方法を模索せざるを得なくなったようである。

どの漁協からの依頼でも、まず漁場面積を概算して、その川に必要なアユの数を試算する。そして、もしも、天然遡上がゼロとなったケースを想定して、放流だけでアユ漁場を形成するために必要な経費を概算してみる。そうすると、ほぼ例外なく漁協の現状の経営規模では放流経費をまかなうことができない。放流したくても先立つものが全然足りないのである（200、202ページ参照）。そのため、漁協存続のために残されたやり方は天然アユを増やすしかないという結論に落ち着くことが多い。

ここまでの議論は多くの漁協が納得してくれる。難しいのはここから。天然アユを増やすためには、産卵量を増やすことが必須となる。そのためには、産卵期の漁獲制限はもちろんのこと、場合によっては夏場から網漁等の漁獲圧の高い漁業を規制して、親アユが産卵期まで残りやすくすることも必要となる。つまり、乱獲につながる漁法は全部見直す必要がある。

漁協の抱える組織上の問題点

ところが、そのような漁業規制を実施すれば、多くの場合、組合員にだけ許される漁業が規制され、組合員であることのメリットを失う。それだけでなく、産卵期の保護を強化しようとすれば、これまで落ち鮎を漁獲していた人たち（主に下流を漁場とする組合員）だけが、大きな漁獲減となり、上流を漁場とする人との間に不公平感が生じる。

このような理由から、天然アユ資源を増やすことの必要性は理解されても、それを具体化した対策には反対する人が多く、結局、対策は形ばかりの骨抜きにされたり、不十分な対策に留まったりすることが多い。

もちろん、組合全体を説得しようとする意識の高い役員や組合員は少なくない。しかし、漁協の総代会（地区代表が集まる総会）で、否決され実行に移せないケースが多いのである。企業のような意志決定の方法（トップの決断で全体が動く）は、漁協という組織の中ではけっこう難しいのである。

このような漁協組織のあり方は、確かに「民主的」であるように見えるのだが、個別の利益誘導に走りやすく、本当に必要な対策にたどり着けない原因ともなる。「捕る特権」を持った限られた人たちだけの意志決定では、社会全体の利益につながりにくいのは自明のことではないだろうか。アユが増えることによって直接的な利益を得ることができる漁協がアユを増やすことの足かせとなっているというのは皮肉なことである。

漁協を変える2つの方法

このような漁協の組織運営上の問題を解決する方法としていくつかのことが考えられる。そのうちの２つを紹介する。

一つは、「アユ資源は地域の共有財」という視点に立ち、組合員だけでなく、遊漁者や地方公共団体等の関係者から広く意見を集め、その意見を漁協の意志決定に反映するシステムを作ることである。

二つ目はちょっと強制的なやり方である。漁業法は内水面漁協に対して増殖義務を課しており、漁協が増殖を怠っている時（具体的にはアユが減った状態になっている時が想定される）には、知事は内水面漁場管理委員会の意見を聞いて増殖計画を定め、その計画に従って増殖するように命令できることになっている。また、漁協が命令に従わない場合には、知事は漁業権を取り消さなければならない。この法的な仕組みを使えば、より適した「増殖プログラム」を漁協に強制することも可能なのである。

ところが、現在漁協が行っている増殖行為の大部分は、内水面漁場管理委員会の意見を聞いて知事が漁協に指示したものなのである。結局、漁協の増殖対策が成果を見ないのは、増殖方法（種苗放流に偏っている）に問題があり、それを指示している知事および内水面漁場管理委員会にも責任の一端があると言える。多様な増殖方法を認め、その川に合った方法を選択できるようにすることが求められている。

2つの方法のうち、実現性が高いのはどちらだろうか。正直に言うとどちらとも実現性は低いと思っている。ただ、希望を述べさせてもらうとすれば、一つ目の「アユ資源は地域の共有財」という視点に立って、これまでのやり方を見直す方法を推したい。このやり方が実現すれば、漁協は地域との関係性が今以上に深くなり、アユを増やす対策を実行する際の協力が得やすくなる。そのことでアユを増やす際の様々なハードルが下がる。

実はこのやり方は、すでにいくつかの河川で実現しつつある。その一つは後で紹介する岐阜県の和良川である（218ページ参照）。

現在、漁協の高齢化は進み、それほど遠くはない将来に存続そのものが危ぶまれている。それを待って、漁協に代わる新しい仕組みを作るのか、それとも、今ある漁協を変えていくのか、逡巡している間に事態がさらに悪くならなければいいのだが。

9 漁協の新しい役割

発電用のダムがある河川では、ダムによって様々に環境が悪化し、アユをはじめとする水産資源が被害を受ける。そこには電力会社と漁協との対立が生まれる。

被害の代償は「補償金」という形で漁協に支払われ、不足する資源を種苗放流という形で補填することが続いてきた。この流れは、致し方ない面があるにしても、川の環境が良くなるわけではなく、根本的な解決にはつながらない。そして、この流れが怖いところは、漁協が補償金に依存してしまいがちになることで、いつの間にか組織としての力は低下してしまう。ある会社の経営者が「助成金とか補助金をもらっている会社は、つぶれることが多い。それはいつの間にか本業がおろそかになるためだ」と教えてくれたことを思い出す。

新しい河川法では、それまでの利水と治水に加え、「環境」という3つ目の柱が加えられた。川の持つ公益性が問い直されていると言ってよいのかもしれない。そういった川を取り巻く状況が大きく変化する中で、これまでの補償というやり方だけでは社会的に通用しなくなっていることは、電力会社も認識していて、より公益性の高い「環境対策」へとシフトしようとする動きがある。

ここ数年、いろんな漁協と勉強会を行ってきた。最近の傾向として、地域の中での役割を意識し始めた漁協が増えている。地域にその価値を認められない漁協は、もしかしたら10年後には存続できなくなるのではないかという気さえしている。

漁協本来の役目であるアユ資源を保全するということは、本当は川の環境保全と切り離すことはできない。その本来の役目を果たせば、漁協の存在価値（公益性）が地域に認められるし、協力も得られる。良い循環が生まれるのだと思う。

漁協が支えるささやかな幸せ

高知市を流れる鏡《かがみ》川の上流部は、まだ比較的良好な河川環境が維持されているが、中流にあるダムによって天然遡上はまったくない。したがって、ダムの上流では漁協がアユを放流しなければ、アユ釣りそのものができない（現在は陸封アユが繁殖し、釣りの対象となっている）。この川に2005年に調査に出向く機会があった。

調査の最中に70歳くらいとお見受けするおばあちゃん友釣り師、弘瀬ツチエさんに出会うことができた。釣れそうなアユはほとんどいない平瀬で竿を出していたので、場所を変えた方が良いとアドバ

■鏡川のおばあちゃん釣り師

イスした。おばあちゃんは「足が悪いんで、ここでしか竿を出しません。川に来て竿を出すだけで本当に楽しい」とにこやかに話してくれた。

考えてみれば、このおばあちゃんの楽しみは漁協の努力によって支えられている。ささやかなことかもしれないけれど、このおばあちゃんは幸せな気持ちになっているし、体のためにも良いと思う。70歳のおばあちゃんがアユ竿を担いで川に出てくるというのは奇異なことではなくて、本当は「豊かな暮らし」のありようかもしれない。

このような目立たない形で漁協は「福祉」に貢献しているし、これからの高齢化社会の中でその役割はもっと大きくなってくると思う。

安上がりなシステム

漁協の役割について、天竜川漁協の秋山雄司さん

（元組合長）が次のようなことを話してくれた。

「アユを増やすということに関して、内水面の漁協のシステム——組合員や遊漁者から増殖や漁場管理のために少額ながら広く資金を集めて運営する——はきわめて安上がりなやり方なのかもしれない。もし行政が行うとすれば、アユを増やすということだけでも膨大な経費が必要になるのは目に見えている。漁協というシステムはアユという『地域財』を維持するだけでも地域に相当な経済効果をもたらす可能性がある（222ページを参照）。それに加え、環境保全や福祉の分野でも貢献できるとすれば、漁協の果たす社会的な役割は相当に大きいのではないだろうか」

今、地方はお金がなくて混迷している。漁協のような「現存のシステム」が持つ潜在的な機能を見直せば、お金をかけずにできることはたくさんありそうな気がする。この章の最後に、アユを「地域財」として活用している和良川の事例を紹介したい。

「大切なもの」と思える仕組み

岐阜県の郡上市和良町を流れる和良川（木曽川水系）は、失礼ながらなんということもない普通の小河川である。ところがここで育ったアユは驚くほど美味で、「清流めぐり利き鮎会（167ページ参照）で3度のグランプリと4度の準グランプリを獲得している。圧倒的な強さである。私も一度食べたことがあって、その飛び抜けた美味しさに驚かされた。ちなみに、利き鮎会では試食（判定）の際に産地は完全に伏せられていて、どこのアユなのかは結果発表を見るまでわからない。審査に川のブランド力は通用しないので、まさに味だけが勝負なのである。

その「和良鮎」を育てている主体は和良川漁協のようなのだが、その他にも「和良鮎を守る会」というのもあって、この会には漁協の組合員や釣り人、食通らも入っている。さらには観光協会も「和良鮎」のＰＲに力を入れているし、「和良おこし協議会」というのもあって、この団体も「和良鮎」のブランド化や周知のための活動を行っている。漁協だけでなく住民もそれぞれの立場でアユに関わりながら、渾然一体となって「和良鮎」を育てているようなのだ。

「和良鮎を守る会」の活動目的は「和良鮎を大切に守りながら、たくさんの人たちに和良鮎の美味しさと鮎釣りの楽しさを伝える」となっていて、漁協の役割と似ている。ただ、守る会の活動の根底には「和良川と和良鮎のある風景を後世に残したい」という思いがあり、その点では漁協の社会的な役割から少し離れたところに立ち位置がある。このことは観光協会や協議会も同様で、アユと関わりながらも観光振興や地域づくりといったところに立ち位置を置いている。

考えてみると、和良川での取り組みは漁協という組織ではやりにくかったり、苦手であったりする部分を他の団体が担うという互助的なシステムとなっていて、アユという「地域財」を広く活用するために現実的でかつ有効なやり方と言える。そして、アユが「地域財」として広く認識されれば、それを守り育てることの大切さも多くの人に理解されやすくなる。

和良川での取り組みを眺めていると、アユを守り育てるためには、漁協だけでなく、みんながアユを「大切なもの」と思える仕組みを作ることが必要なのだと改めて気づかされる。そして、多くの人がアユと関わる「和良の仕組み」は、漁協に潜在している大切な役割を引き出しているように思えるのである。

第4章 天然アユを増やすには？

1 アユの経済価値

河川生態学の分野で著名な水野信彦さん（元愛媛大学）は、「川幅が20ｍほどの中流域（石が大きくアユの生息に好適）では、１㎞当たり1億円前後のアユの漁獲高をあげることができる」とある報告書に書いている。驚くべき数字だが、日本の川は潜在的にはそれだけの生産力を持っているということらしい。ただ、過日ご本人にお聞きしたところでは、この試算はいわば「理論値」で、ここまでの生産をあげるのは現実的には難しいという意味のことをおっしゃっていた。

では、現実的な川の生産力はどのくらいなのだろうか。

それを計算するためには、漁場の面積とそこに生息できるアユの密度が必要となる。高知県の四万十川を例に取れば、アユの漁場の面積は約１１００万㎡ある。アユの生息密度を決めるのは難しいが、全国の川を潜っていて、１㎡に3尾くらいのアユがいることは時々あり、このあたりが現実的な数値と言えそうだ。

■アユの生産力が大きい四万十川の中流域

この値を使えば、四万十川には約３３００万尾のアユが生息可能ということになる。アユの平均体重を60ｇ（18～20㎝）として掛け算すれば、およそ２０００トンとなる。産卵用の親として４割ぐらいは残したいから、漁獲可能量は１２００トン。天然アユの値段はキロ当たり４０００円程度なので、漁獲金額はじつに48億円となる。

山形県の最上小国川は全長が39㎞の我が国では中規模の河川であるが、アユ釣りが盛んで全国からたくさんの釣り客が訪れる。環境や自然資源の経済効果を研究している近畿大学の有路昌彦さんらは、この川のアユによる直接的な経済効果を年間22億円と試算した。これだけでも大きな金額だが、二次的な経済効果を合わせれば１・５～２倍になるという。アユ釣りの経済効果はばかにならないのである。

流域に公平な恵み

大切なことは、アユのような自然資源は再生産するということで、適正な管理をすれば、たいした元手をかけずに毎年このような恵みが流域にもたらされる。裏を返せば、適正な管理ができなければ、せっかくの自然の恵みを失うということでもある。

戦後から今に続く河川の開発（改変）の歴史の中で、開発が優先され、川やアユといった自然資源の価値は軽く扱われてきた。地域への代償はわずかな補償金で、それもごく限られた人にのみ支払われた。多くの人々は治水安全度の向上といった開発の恩恵には浴したものの、失ったものも大きい。

こういった自然資源の価値をきちんと評価し、開発の是非を考える際の材料として提供することが今後はますます重要となる。四万十川の中流にある佐賀取水堰（通称家地川ダム）では、四万十川の水を取水し、別水系に分水して発電を行っているために、四万十川の水はそこで大幅に減少し、減水区が発生している。谷口順彦さん（当時高知大学）は、分水している水をすべて四万十川に返した場合のアユの増産額（潜在値）は、発電によって得られる利益（売電価格）とほぼ同等であるという試算結果を出している。先の最上小国川の試算と同様、意外に大きなアユの価値である。

もっと大切なことは、天然アユのような自然からの恵みは流域に公平に分配されるもので、決して誰かが独占できる性質のものではないということ。実は、そういった公平性が強い資源という特性上、各個人への分配は小さくなり、その価値に気づきにくい。それだけに流域全体で大切に守り、そしてきちんと後世に引き継いでいきたい。

2　天然アユが減った川、増えた川

全国各地で天然アユ（海産アユ）の減少を耳にする。実際、各地の河川を調査していて、あまりのアユの少なさにその深刻さを実感することも多くなってきた。太平洋側では東海から西で、また日本海側では山陰から西で、特に深刻さが増しているようで、2015年には岐阜市が長良川の「天然遡上アユ」を準絶滅危惧種に指定した。今後は他の地域でも同様の指定が増えてくる可能性がある。

ただ、天然アユの資源量に関しては、長期間にわたる継続的な調査資料がないため、実態は正確には把握されていない。しかし、海産稚アユの採捕量や河川産アユの採捕量の統計資料を概観すると、ともに1980年頃から顕著な減少傾向にあり、天然アユが減少傾向にあるのは間違いないだろう。また、全国的に見て、アユの漁獲量は図のように1991年をピークに、以降は急激に減少しており、その主な要因の一つが「天然アユの減少」にあることも指摘されている。

天然アユが減少している原因は、河川の荒廃（ダムの建設、水質汚濁等）や乱獲など多岐にわたる

図　全国のアユの漁獲量の経年変化

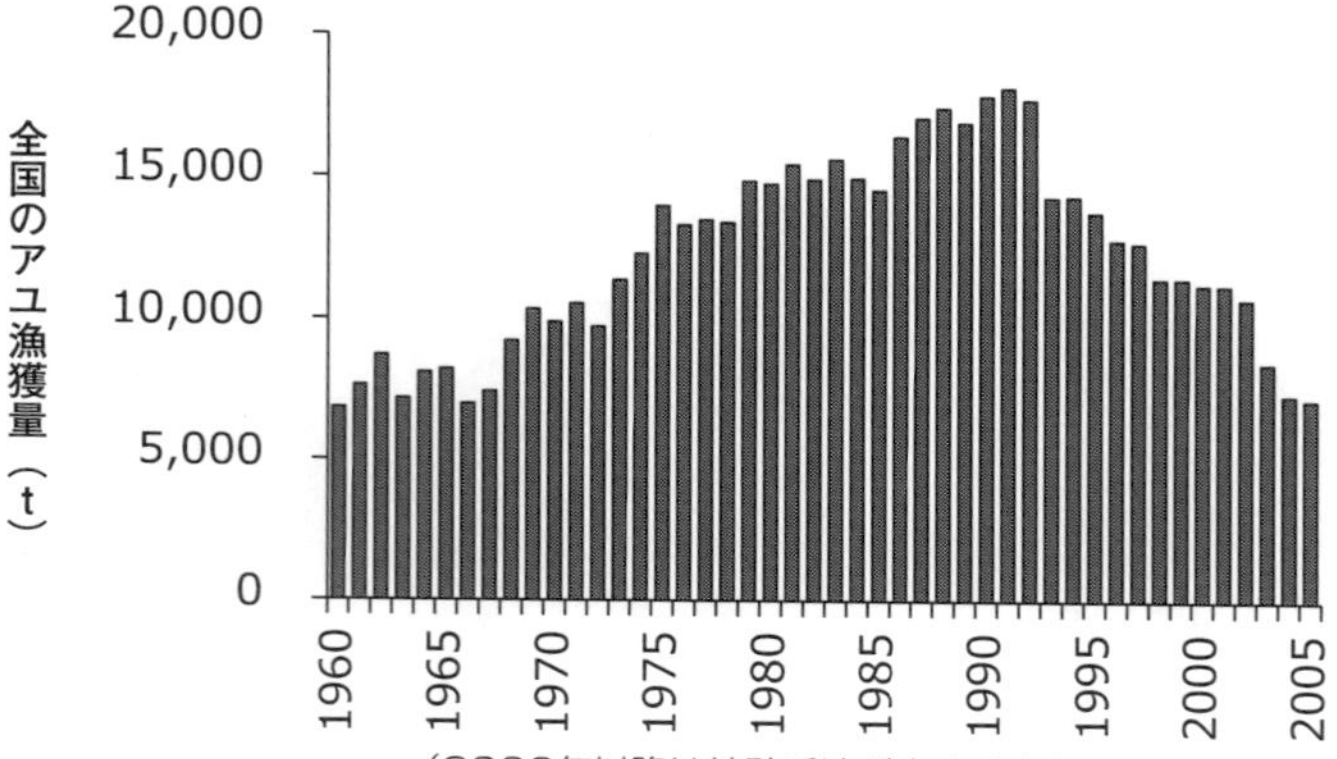

（2006年以降は統計手法が大きく変わったため不明）

と考えられていて、近年では冷水病やカワウの食害等も指摘されている。また、天然アユの資源量は彼らが前半生を過ごす海での生残率によって大きく変化することも古くから知られているが、何が海での生残を決定しているのかについては、まだよくわかってはいない。ただ、最近になって、早生まれのアユの死亡率が高い年は資源量が大きく減少すること（97、114ページ参照）、秋（産卵期前）に降水量が多ければ翌年の遡上量が増える傾向にあること、イワシ類が多いとアユが減少する傾向にあること等、いくつかの傾向があることが知られるようになってきた。

多摩川にアユ1000万尾！

各地の河川で天然アユの減少が進む中で、かつては「死の川」とも呼ばれていた東京都の多摩川で天然アユが爆発的に増えている。東京都島しょ農林水産総合センターの調査では、多摩川の遡上量は1990年代から徐々に増え始め、1993年には100万尾を超えた。その後2010年頃までは数十万尾～200万尾の遡上量で低迷（安定？）していたが、2011年から急増し始め、2012年には1000万尾を超える稚アユが多摩川に遡上した。

2014年に多摩川に潜る機会があり、アユを観察することができた。確かに驚くべき数の多さであった。この年の遡上量は約540万尾と2012年の半分程度であったが、下流部ではアユを踏みつぶしてしまいそうになるほど多かった。これだけ多いとさすがに餌不足になるようで、7月というのに10㎝ぐらいの小型のアユが非常に多かった。

なぜ、多摩川ではここまでアユが急増したのか。諸説あるようなのだが、大きくは次の3つである。①アユの稚魚の成育場である東京湾の環境の改善（水質、人工海浜の造成等）、②高度な下水処理による河川水質の改善、③魚道の整備等による遡上可能範囲の拡大。

多摩川の下流部で潜ってみて驚いたのは、水の透明度の良さで夏に限れば四万十川よりも上かもしれない。魚道の方は、現在の技術で評価するとかなり問題はあるものの、最下流の堰の開門措置等を含めて、一定の水準はクリアしている。

ただ、これら3つの理由は、1990年代以降の100万尾のアユの遡上の理由とはなるが、2011年以降の爆発的な増加の要因ではないように思われる。短い時間の調査で断定的なことを言うのはおこがましいが、急増の要因の一つは産卵環境が良くなったことではないだろうか。多摩川の下流部では小砂利が浮き石状態で堆積していて、アユの産卵に理想的な状態となっていた。これは天然アユの増加に直接的に寄与している。

しかし、この良好な産卵環境は短期間のうちに失われる危険性がある。上流からの砂利の供給が少なくなっているためである。そうなるとアユの資源水準は以前の状態に戻るかもしれない。

いずれにしても、流域人口400万人、かつて「死の川」と呼ばれた多摩川でのアユの急増は、天然アユの復活プログラムを考えるうえで貴重な情報源である。なぜ増えたのか。そのことを明らかにできれば、他の河川にも応用できそうである。

天然アユを増やすことに成功した奈半利川

多摩川のような急激な増加ではないが、対策を科学的に講じて、天然アユを増やすことに成功した事例も少しずつ増えつつある。その一つ、私が関わらせていただいている高知県の奈半利川の事例を紹介したい。

奈半利川は水力発電のために開発が進んだ川で、多摩川と同じようにかつては「死の川」と呼ばれた暗い歴史がある。その奈半利川では、2004年から漁協と電力会社が協力して天然アユを増やす対策――産卵場造成、夏場の漁獲規制、産卵期の保護強化、魚道の改良等々――に取り組んできた。個々の対策の効果が出始め、そして相乗効果を生み始めた2009年頃から天然遡上数は増え始め

図　奈半利川（平鍋ダム下流）のアユの生息数の変化

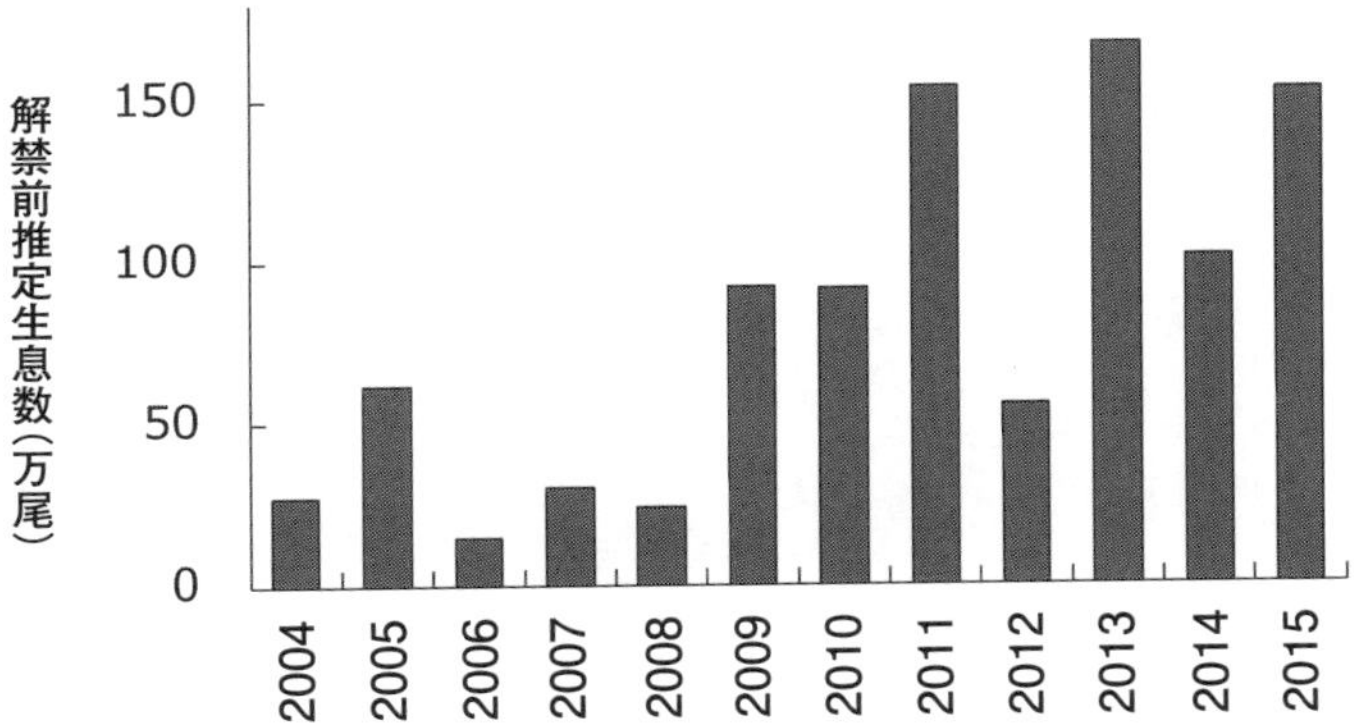

（放流魚も含まれているが、増減は主に天然遡上数に左右される）

（上の図）、以後は比較的安定するようになってきた。

自然相手の仕事なので、遡上量が減ってがっかりすることもあるのだが（例えば２０１２年）、モニタリングを続けてきたことでその原因がわかるようになり、次なる対策（２４１ページに詳述）につなげることができるようにもなっている。

まだまだ課題は山積しているものの、アユが増えたことで、かつては諍いが絶えなかった漁協と電力会社の関係も改善されつつあり、最近では懇親会まで開かれるようになっている。アユに感謝したい。

びた稲の間に白いものが無数に浮いているのに気がついた。ドジョウやフナだった。子どもには高嶺の花であったウナギもたくさんいた。もったいないような気がしたが、近寄ると腐臭がした。そういった光景は2、3年続き、その後田んぼの中が生き物でにぎわうことはなくなった。

最近、自宅近くの水路の生き物を調査する機会があった。細々とではあったが、メダカやドジョウが生き残っていることに少し安堵した。一方で身近な生き物たちがわずか40～50年の間に圧倒的な勢いでいなくなったことを改めて感じさせられた。農村には今も変わらず青々とした田んぼが広がるけれど、その水辺は生き物がいない荒野となっている。

20世紀の終わりになって、私たちが目指した「豊かな」生活は、あまりにも自然に対して配慮がなさすぎるということに多くの人が気がつき始めた。生き物が身近にいた昭和30年代の暮らしに戻ることは不可能かもしれないが、「自然との付き合い方」を見直すことであれば、今からでもできるのではないだろうか。

■1970年頃の物部川のアユ釣り風景

（撮影：山崎房好）

昭和30年代の川の姿

60歳以上の方に聞くと、かつてアユは「川の虫」だったという。湧いてくるほど多かったということなのだが、私の世代では実感が湧かない。

それでも私が小学生だった頃(昭和30年代後半から40年代前半)、身の回りにはまだ生き物があふれていた。

春には家のすぐ近くの水路にまでシラスウナギの群れが上ってきた。今なら1尾が100円以上で取引される高価な魚になってしまったが、その当時は「ブッタイ(魚捕りの網)」があれば、いくらでも捕ることができた。あまりに多すぎて、勲章となるような上等な魚ではなかった。

フナはもちろんのこと、今は高知県のレッドデータブック[27]で「絶滅の恐れがある生き物」となってしまったメダカやドジョウも田んぼや水路にいくらでもいた。トノサマガエルやゲンゴロウも「普通」の生き物であった。ブッタイとバケツさえあれば、1日中でも遊んでいられた。

小学校4年の夏、雨が降らず近くの小川が干上がりかけた。水が残っているのは水深のある淵だけで、そこに魚が溜まっていた。普段なら子どもには手に負えない大物の気配もあった。学校の帰り、体育器具倉庫に忍び込んで、ライン引き用の石灰を一握りくすねた。石灰が毒になることは知っていたと思うが、罪悪感はまるでなかった(ような気がする)。

目当ての淵に石灰をまいてみた。すぐにフナやハヤが浮き始めた。そのうちナマズやウナギも苦しみ始め、やっと事態の重大さに気がついた。バケツに魚を拾い集め、半泣きになって別の水路に運んだが、ほとんど死んでしまった。ごめんなさい。

田んぼに農薬がまかれるようになったのも、昭和30年代の後半からではなかっただろうか。

通学の途中、30㎝ほどに伸

3 「川が荒廃するとアユがいなくなる」の誤解

高知県内には四万十川に代表されるアユの名川が多い。日本釣振興会が選んだ「天然アユがのぼる百名川」に高知県からじつに10河川が選ばれている。地元に住んでいるとあまり実感が涌かないが、アユ釣りファンにとって高知はあこがれの「アユの王国」なのである。

しかし、その王国にも最近かげりが見えてきた。農林水産統計によると高知県のアユの漁獲量は1970年以降の30年間に10分の1にまで減少した。

アユが少なくなった理由として、多くの人が「川の荒廃」をあげる。ダムや改修工事、生活排水などによって川が荒廃し、アユが住みづらくなったと言われると何となくうなずいてしまう。

でも本当だろうか？

■改修工事の影響で単調な流れとなった青森県の赤石川

荒廃した赤石川にアユがひしめく

１９９９年の夏、青森県の日本海側を流れる赤石川の調査を依頼された。その当時、東北地方の河川は天然遡上が多く、釣り雑誌でも話題になっていた。実際、潜ってみるとアユがひしめき合っていた。四国の河川ではちょっとお目にかかれない光景であった。

しかし、少し考えてみると「ちょっと変」なのである。そもそも調査の目的は「どうすれば赤石川をアユの住み良い川にできるのか」を考えることであった。赤石川では１９７５年頃に中・下流域で大規模な改修工事が行われた。それ以後アユが減ってしまったという。確かに改修工事の影響でメリハリのない単調な川になっており、アユが快適に住めるとはとても思えなかった。まさに川は荒れていた。それなのに潜ってみるとアユは川にあふれるほどいるのだ。

その当時四万十川にも潜水に通っていた。その頃の四万十川は不漁気味であった。荒廃した赤石川にアユが多く、どう見ても赤石川よりは豊かな自然が残されている四万十川にアユが少ないという事実。このことが「ちょっと変」と感じた理由であった。

思い込みの落とし穴

私たちはアユが少なくなった理由を少し勘違いしているのかもしれない。もちろん川の荒廃がアユ減少の原因となっていることは否定しない。しかし、それがすべてではないらしい。日本の川の持っている生き物を育む力というのは私たちが考えているよりもずっと大きくて強いのかもしれない。

私たちは「川が荒廃するとアユがいなくなる」という理解しやすい図式を鵜呑みにしてきた。その一方で、どのようなメカニズムでアユが減るのか、そういったことを真剣に考えてこなかったのではないのか。理由を曖昧にしてきたために、具体的な対策に結びつかなかったというのは言い過ぎだろうか。

かつて「死の川」と呼ばれていた多摩川や奈半利川で天然アユが増えていることはすでに紹介した（226~228ページ参照）。この2つの事例は、環境が悪化した河川でも必要な対策をきちんと実行することで、アユを取り戻すことができることを示している。

４　天然アユとダム

東京水産大学（現東京海洋大学）名誉教授の野中忠さんが興味深い分析を行っている。概要を紹介すると、全国50河川のアユの漁獲量と放流量のデータから、漁獲量全体に占める天然遡上アユの寄与率を計算し、寄与率が70％以上をＡクラス、40〜69％をＢクラス、40％未満をＣクラスと分類した。集計の結果、Ａクラスは62％、Ｂクラスは26％で、天然遡上に依存している河川（Ａ・Ｂクラス）はじつに88％に及んだ。天然遡上の保全が重要であることを改めて教えてくれる分析だと思う。

これまで、アユ資源の増殖は種苗放流という直接的な手段が主流であった。種苗放流は有効な増殖手段の一つで、少なくとも１９９０年代前半までは、放流さえしておけば釣れるという時代があった。また、天然のアユが遡上できない堰やダムの上流では、種苗放流という手段がなければアユ漁は単なる昔話になっていただろう。

しかし、あまりにもそれに頼りすぎてしまったようだ。安易な放流は、いつの間にか河川の環境保全への無関心を助長してしまった。このことは長期的に見るとアユだけでなく、私たちの生活環境の悪化にもつながってしまったと思う。

「ダムができても、川をまっすぐに改修しても、放流すればアユは大丈夫だろう」という安直な考え方がなかったと言えるだろうか。ダムができれば必ず悪影響は出る。本当はそれを軽減する工夫や知恵が出てこなければならなかったのに、放流という簡単便利な方法にすり替えてきたというのは言い過ぎだろうか。

二極化した議論の狭間で

天然アユ資源を保全するにあたって、当面は親魚の保護や産卵場造成のような短期的な対策を着実に実行することが大切になる。その一方で、山の荒廃やダムによる河川環境の悪化といった問題に対しても、長期的な展望を持って対処する必要がある。

残念なことに、ダムの問題になると利害関係がはっきりするためか、話がこじれることが多い。そしてともすれば「撤去か、存続か」という二極化した議論になりがちである。

確かにダムを撤去する以外に抜本的な対策のない悪影響があることは否定できない。そして、私たちの総意としてダム撤去を決断するときが来るかもしれない。しかし、その議論には長い時間を要するであろうし、実現はいつのことになるのかわからない。その間にもアユは刻々と減少する。「妥協の産物」のそしりは免れないかもしれないが、少なくとも途中段階としては「共存」を目指して知恵を出し合うという選択肢は必要だと思う。二極化した議論の狭間でアユがいなくなるのではあまりにも悲しい。私たちにはまだ「何か」ができると思う。

5 アユにとって大切な産卵場

天然アユを増やすために有効な方法が物部川等の取り組みの中から見えてきた。

それは親アユを保護するための禁漁期や禁漁区の設定、産卵場の造成といった産卵期を中心とした保護である。誰の目にも明らかな「大量遡上」という成果があったことも大きかった。２００４年の秋には高知県下の多くの河川で産卵場の造成や禁漁区の設定が行われた。

私も新荘川など5つの川で産卵場造成に関わった。残念ながら、そのすべてが大雨による増水で破壊されてしまった。卵がたくさん産み付けられていた産卵場もあり、大雨の中、川に傘を差したい気分であった。

少し前まで、こういった産卵期の雨は産卵にプラス材料であった。増水によって川底に溜まった泥や砂が洗い流され、産卵しやすい「浮き石」状態が自然にできるためである。

荒れた産卵場

ところがここ数年は大雨の後、川底の状態はかえって悪くなっている。上流から流されてきた細かな砂や泥——山の荒廃や河川工事が主な原因と考えている——が河床に大量に溜まり、アユが産卵する砂利の層が目詰まりしてしまう。そのため親アユは河床のごく表面にしか卵を産み付けることができなくなっている。

実際、いくつかの川でアユの産卵床を調べてみると、自然状態の産卵場では川底の表面近く、せいぜい５㎝ほどの深さしか卵は埋没していなかった（１９８０年頃なら20㎝程度は埋没していた）。こうなると卵は食べられやすくなるし、ちょっとした増水でも卵が流失してしまう。同じところに別の親が産卵するだけでも、以前に産み付けられた卵が流失する。紫外線の悪影響も受けやすい。今、膨大な量の卵がふ化することなく無駄になっているようだ。少なくとも高知県内の河川のように河床が砂泥で目詰まりした地域では、産卵場の造成はアユ資源の保護に不可欠なものと考えておかなければならないだろう。

ダムのある川では、もっと事態は深刻となっていることがある。

ダムは水だけでなくアユの産卵に必要な小砂利も堰き止めてしまう。高知県の物部川や奈半利川では、河床が低下するだけでなく、産卵に必要な小砂利もなくなってきた。河口付近でも頭大の石がごろごろしているのだ。こういったダムの被害を代償するために、奈半利川ではダムを管理している電

■アユの産卵に好適な大きさの砂利を投入して産卵場を造成する

奈半利川

力会社（電源開発株式会社）が、産卵に適した小砂利（ふるいにかけたもの）を産卵場を造る際に用意している。失われた産卵環境を復元するためである。奈半利川では産卵場を造成した直後から産卵が始まることが多く、1週間後に調査すると、砂利を投入した場所一帯で産卵したことが確認される。対症療法的であることは否めないが、ダムによる人為的な被害をこれまた人為的に軽減できたことには意味があると思う。

1年の命しかないアユにとって、産卵というのは一生に1回だけの大勝負である。失敗しても次の年にやり直すということはできない。そう考えれば、産卵を保護することが資源の保全の要件であることが理解しやすいのではないだろうか。

6
アユを捕りながら増やす方法

奈半利川では毎年、アユの生活史の中の主要な段階——流下期、遡上期、夏期、産卵期——でその全数を調査している。各ステージの資源量をできるだけ正確に把握して、天然アユの保全対策に活かすためである。最終的にはダムから下流（河口から23㎞の間）は天然アユのみによる漁場を形成したいと思っている。

ダムから下流の奈半利川の平常時の水面面積は約62万㎡で、釣り人から不満が出ない資源量の下限は6月1日の解禁時点を基準にすると約90万尾で、密度に直せば1・5尾／㎡程度となる。解禁時にこの資源量（90万尾の天然遡上）を確保するには、前年の秋に30億尾程度の仔アユをふ化させることが必要で、さらにそれを実現するためには産卵親魚を21万尾確保する必要があると試算された。

もちろん、仔アユが海に出た後、翌年の春にその何％が帰ってくるのかは運任せのところがあるが、奈半利川では仔アユの流下量が多ければ翌年の遡上量は多くなるという傾向がこれまでの調査から見えてきた。同じようなことが和歌山県日高川、静岡県天竜川、神奈川県相模川などでの調査からも報告されている。

漁期と漁法を適正に管理する

こういった資源量の調査と並行して、「漁獲しながら親アユを残す方法」も考えなければならない。基本的には漁期の制限と漁法の制限の二本立てとなる。

漁期の制限については、奈半利川のある高知県はもともと厳しくて、10月16日から11月30日の間が産卵保護のための禁漁期（内水面漁業調整規則）となっている。これに加えて、２００５年からは10月１日以降を解禁にするか（もちろん先の期間は禁漁）禁漁にするかを漁協の判断で行えるようになった。そのため、二本柱の一つである漁期の制限は現状でも一応の目処が立った。奈半利川の場合は、10月１日から主産卵域を禁漁にすることで成果をあげている。

難しかったのは産卵期までに親アユを捕り過ぎないようにするにはどうするか、ということである。この期間は「捕りながら残す」ということが求められ、あまり強い制限だと漁業者や釣り人の理解が得られない。漁法の制限区（漁獲圧の高い漁をさせない区域）を設けるというのが現実的なやり方となる。なお、漁法の制限区（友釣り専用区）と非制限区でアユの生息密度がかなり違い、制限区で魚が残りやすいことは、物部川で行った調査からわかっていた（左ページの図参照）。

図　制限区と非制限区のアユの密度の違い（2005年8月）

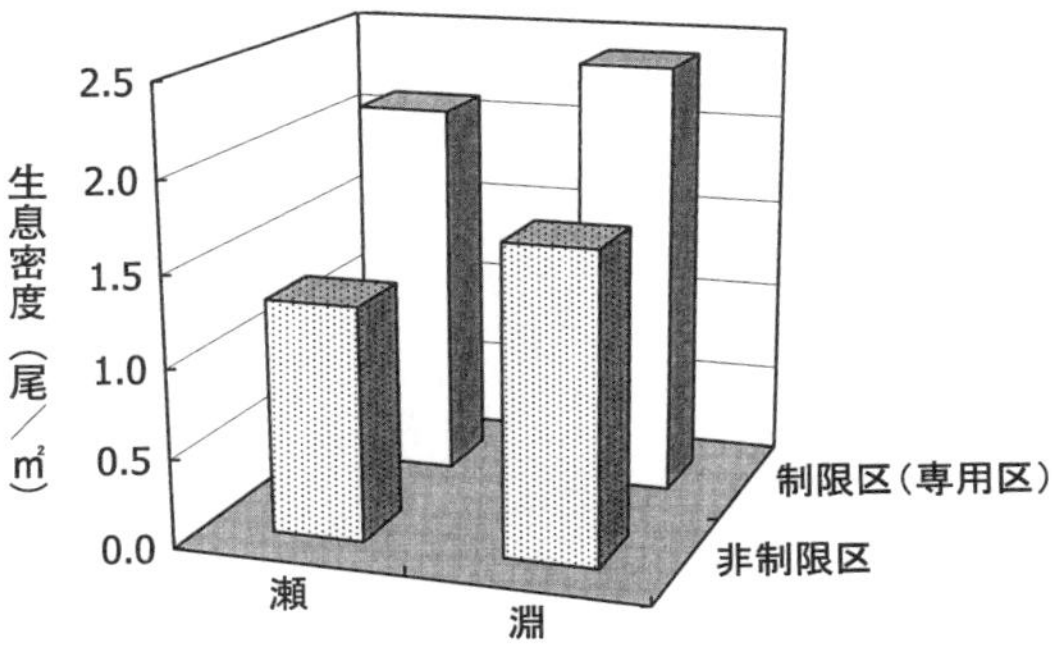

瀬・淵とも制限区（友釣り専用区）の方がアユの密度が高い

奈半利川では２００６年から下流域（河口から８㎞まで）での投網漁を全面禁漁とし、この区間は事実上友釣り専用区となった。この規制が始まった当初、調査をしていて、ずいぶん苦情を聞かされた。おそらく漁協にはもっときついクレームが持ち込まれたのではないだろうか。

しかし、これらの規制の成果はめざましく、対策を始めた２００６年当時、10月時点で5万尾程度しか残っていなかった産卵親魚は、３年後の２００８年には目標の21万尾に近い15万尾に増加し、以後は目標値の倍レベルで親魚が残るようになった。親魚数が安定したことで、ふ化（流下）する仔アユの数が増え、次第に遡上数も増えた（２２８ページ参照）。２０１１年以降は目標とする遡上数を大きく上回る年も出始め、過密で成長不良さえ心配しなければならない状況ともなっている。

調査を始めた当初、生き物を相手にこういったやり方が通用するのか、机上の空論になりはしないか、心配で仕方がなかった。特に、アユを捕ることを制限することには強い反発があり、成果が出なければ批判の的になる。結果として対策そのものに反対の声が強くなることも予想され、正直、怖かった。奈半利川では漁協が長い目で見てくれたことで、調査開始から6年後にやっと思い描いていたような成果を得られるようになった。漁協の理解があってこその成果であった。

漁獲規制はその調整が難しい。天然アユを増やすプランの作成を依頼された時に一番苦心するのがこの漁獲規制であり、これが実現できないために対策全体の効果が上がらないことが多い。しかし、旧態依然とした内水面漁業の増殖策ではアユ資源を保全することは難しいのも事実。このことは現在の全国的な不漁が証明している。試行と検証を繰り返しながら、その川の実情に応じた良い方法を見出していくしかないのだろう。

7 産卵場を造ることの難しさ

天然アユを増やすためには、アユ自身の再生産のサイクルを保全することが大切であると言えば、まず反論されることはない。そして、その「具体策」として産卵場を造成してアユが卵を産みやすい環境を整えてあげることが大切ですと言えば、これまた否定されることはほとんどない。

話を聞いていると、アユを増やすための重要テーマと具体策が理解できた気分になり、あたかもすぐにアユを増やすことができるような気分になるのかもしれない。

しかし、残念ながらそれは幻想で、川に立てば何もわかっていないことに気がつくことになる。

実際、いくつかの河川に造成された産卵場を調べたことがあるが、その多くは効果が期待できそうにないものであったし、産卵を邪魔していると思えるものも少なからずあった。

産卵場を造る技術

私自身苦い思い出がある。産卵場の造成方法については、物部川で何度も見せてもらって、手順や原理は理解していた（つもりだった）。アユが産卵する姿も何度も川に潜って観察している。産卵場の調査も20年以上前から手がけていて、アユがどのような場所を選択して卵を産むのかも十分に知っているつもりだ。

ところが初めて産卵場を造成したとき、自分のイメージしているものを実際に川の中に造るという技術を持っていないことを思い知らされた。重機（バックホー）のオペレーターにどのように操作を指示すれば良いのかがわからなかった。曖昧に指示すれば、思っているものは決して形となって現れてくれない。

結局、4ヶ所の産卵場を造成したが、何とか形になったのはもともと条件の良かった2ヶ所だけだった。そして、実際にアユが産卵したのもその2ヶ所だけだった。

この失敗の後、再度物部川漁協の楠目幸正専務（当時）にお願いして、一から教えてもらった。わからないところは、納得がいくまで何度も見せてもらった。最後の仕上げ方一つでアユが卵を産む、産まないが決まってしまうこともある。コツさえわかればそう難しいことではないが、先駆者である楠目専務にしてもそこに行き着くにはずいぶんと試行錯誤を繰り返されたのではないだろうか。

「木を見て森を見ず」ということをよく耳にする。特に専門家は全体（森）が見えていないと言われることが多い。

しかし、逆に森しか見ていないということもしばしば起きているのではないだろうか。アユの再生産のサイクルを保全することの大切さを理解することは、いわば「森」を見ることに相当する。しかし、それを具体化するには「木」の１本１本を理解し育てる「具体的な技術」が不可欠となる。

アユの保全に限らず、環境保全全般が「森」となる理念を理解することに偏りすぎていて、「木を育てる」ための具体的技術の整備はあまり進んでいないのが気がかりでならない。

8 産卵場づくりの落とし穴

河川の環境が年々悪化していく中で、産卵場を整備することが天然アユの増加に結びつくという認識が関係者の間に定着してきた。水産庁も産卵場づくりを推奨しており、人工産卵床の造成方法の手引き書やＤＶＤを作成し、関係者に配布している。産卵場の造成が漁協の増殖義務の履行方法として認められたこともあって、産卵場を造成する漁協が多くなっている。

ただ、私の知る限り、産卵場づくりが成果を残したと判断できる事例はまだ少ない。産卵場を造成して以後に天然アユが安定的に増えた事例は意外に少ないのである。

理由はいくつかあって、造成の方法をよく理解せずにやっているケースや、産卵適地を意図的に外したケース（主産卵エリアは落ち鮎漁をするために手をつけない）もあるが、一番多いのは、親魚を安定的に確保できていないことである。

仔アユのふ化量を増やすために必須となるのは、十分量の親魚と好適な産卵環境であることは、誰にでもわかることなのだが、産卵場の整備を進める多くの漁協が十分な親魚は確保できていることを前提にしてしまっているのか、漁獲規制などの親魚の保護には積極的でないことが多い。残念なことに水産庁の作った手引き書でも親魚の確保が重要であることにはふれられていない。

そもそも産卵場を整備しようとする河川は、不漁であることが多く、当然のことながら親魚量も不足気味となる。それにもかかわらず、産卵期の保護等の規制の強化を見送るのは、アユを捕ることを規制すると漁協内外からのクレームが多くなることに起因しているのだろう。規制が難しいことは理解できるのだが、産卵場をいくら整備してもそれに見合う親アユがいなければ、ふ化する仔アユが増えないのも当然である。

産卵場づくりよりも漁獲規制で効果を上げる

高知県の新荘川は産卵場の川底に砂が多いという問題点はあるものの、産卵場の整備が必須というほどには悪化していない。むしろ懸念されるのは産卵期のアユの乱獲であった。産卵場整備よりも親魚の漁獲規制の方が効果的なタイプの河川なのである。

新荘川漁協の森勲組合長は、２００８年から10月15日以降を全川禁漁として産卵期のアユを完全に保護する対策を断行した。「断行」というのは大げさに聞こえるかもしれないが、当初は相当な苦情が出たようで、よほどの決断がないとできなかったのである。

■川底を覆うアユ産卵アユ

新荘川、12月

新荘川の産卵は毎年観察に行っているのだが、産卵期の完全禁漁を始めてから着実に親魚が残るようになり、近年では潜っていてその数の多さに圧倒されることが多くなった。遡上量も安定的に増え、高知県下の多くの河川で遡上量が少ない年でも、新荘川では遡上量が多いということが増えてきた。当然釣り人も増え、漁協の収入も増えるという好循環に入っているようである。

森組合長の最近の望みは、天然遡上が多い年には、種苗放流なしで解禁することなのだが、この望みは叶えられていない。新荘川で行われているような漁獲規制では漁協に課せられた「増殖義務」を果たしたとは認められないからである。アユが増えたのに増殖義務を果たしていないというのは、おかしな話なのだが。

意外な落とし穴

話は奈半利川に変わる。この川でアユの産卵場づくりに成功したのが２００５年で、この年の仔アユのふ化量はそれ以前の2年間と比較して飛躍的に増加した。しかし、ふ化量は増えたのにそれが翌年の遡上量の増加には結びつかないということが数年続いた。一因は親魚数が不足していたことにあるようなのだが、データを見ているとどうもそれだけではないような気がした。

奈半利川はアユの産卵環境が著しく劣化した川で、産卵場を造ると直後からいっせいに産卵が始まることが多い。これだけを見ると、産卵場づくりの効果は絶大に見えるのだが、そこに落とし穴があるようなのだ。

産卵場を造ると、コケや泥が取り除かれたまっさらな河床ができあがる。アユを観察していると、どうもこのまっさらな河床（あるいは浮き石状態の砂利）に刺激を受けるようなのである。出水で石に付着したコケが取り除かれると、急に産卵が活発になることはよく観察されることで、産卵場を整備すると同じようなことが起きる。

問題はここからである。高知県をはじめ西日本の広い範囲から、近年、早生まれのアユの海での生残率が悪いという現象が観察されている（１１３ページ参照）。ところが、漁協の人たちは産卵場の整備を産卵期に入る前に行うことが多い。産卵期の前に産卵場を整備するというのは、きわめて常識的な話なのだが、整備された産卵環境に刺激を受けてアユの産卵が始まるとすれば、何もしなかった場合よりも人為的に産卵期を早めてしまう可能性がある。結果的に早生まれが多くなり、死亡率が高まり、翌年の遡上量が減少するというのが最悪のシナリオである。

もちろんこのシナリオどおりのことが必ず起きるというわけではないのだが、少なくとも奈半利川での2005年の産卵場整備では、このシナリオどおりになったと考えられた。そういった反省のもと、最近では2005年よりも2週間ほど遅い時期に産卵場を造っている。

9　海にいるアユを守るために

アユが海で生活する期間は、ふ化直後から稚魚になるまでの前半生であり、通常アユの一生において最も自然減耗の大きい時期である。それゆえ、アユの保全を考える場合には、川だけでなく、海での保全のありようを考えることも必要である。

ところが、海で保全を考えることは大変難しい。海でどれくらいアユが生き残れるのか、それは年によってどれくらい変動するのか、さらにどのような原因で減耗するのか、といった基礎的な情報がまだまだ不足しているからだ。

それでも、最近の研究で海でのアユの生活もかなりわかってきた。ここでは無理を承知で、次の4つの観点に絞って海での保全の手がかりを考えてみたい。

■砂浜の保護のために投入されたブロック

高知県土佐市の海岸

①成育場（波打ち際の浅場）を守ること

生物を保全するためには、その種特有の生息場所や保育場を残さなければならない。それは保全の大原則である。繰り返し述べてきたように、アユの海での成育場は砂浜の波打ち際のような浅場である。

環境庁（現環境省）の調べによると、1973～1993年の間に自然海岸は4・4％減少し、人工海岸は9・1％増加している。アユの子が住んでいる波打ち際のようなごく浅い水域は最も開発の手が入りやすい水域でもある。

砂浜の海岸の改変は、埋め立てなどによる物理的な消滅だけでなく、徐々に砂浜がやせてゆくというケースもある。後者の場合、海面上昇や土砂供給が減ってきたこととも関係があるらしい。砂浜を維持するためにブロックが投入されることも多い（写真）。

アユをはじめ、多くの稚魚の成育場となっている砂浜の波打ち際を、できるだけ自然な状態で残してやることが強く求められる。

②アユの回遊を妨げないこと

河川構造物がアユの遡上や降下を阻害することは誰の目にもわかりやすい。では、海ではどうなのだろうか。

和歌山の漁師さんの話の中に、砂浜に人工構造物ができると稚アユの回遊量が減少してしまうという指摘があった（93ページ参照）。海岸の形状が変わると、アユの回遊に何らかの変化（支障）が生まれるのだろうか。あくまで想像に過ぎないが、沖から岸にアユが接岸してくる際に海岸構造物が障害になることはあり得るし、逆に波打ち際から沖合に移動する際にも同様だろう。また、波打ち際に沿って仔アユが移動する際に、沖に突出した防波堤などの構造物があればそれを迂回して移動することは難しいかもしれない。さらに、港の中に入り込んだ遡上前の稚アユが排水口に集まって滞留するという話もよく聞く。

このように海岸構造物がアユの回遊に何がしかの影響を及ぼすであろうことは想像に難くないが、残念ながら詳しく調査された例を私は知らない。だからといって手をこまねいているのではなく、アユの回遊を妨げる危険性はある程度予想できるだろう。海岸に構造物ができる場合には事前に十分な調査を行うことが求められる。

■河口閉塞は流下や遡上を阻害する

仁淀川河口、2005年

③混獲の問題

土佐湾沿岸で操業されるシラス漁にアユの子が混獲される場合があることを84ページで紹介した。シラス漁は全国どこでも行われるわけではないが、本漁業が盛んな地域では、なるべく混獲を避ける対策を立てる必要がある。

この点については、アユの分布水深、波打ち際から浅海域への移動・回遊時期などがある程度わかってきたので、具体的な対策を立てられる時期に来ているように思う。ただし、地域によってアユの分布パターンが異なる可能性もあるので、地域ごとに詳しい調査を行う必要があるだろう。

④海と川との関わり

最後に指摘しておきたいのは、アユの海での生活と川との関わりである。仔アユが海に流下する時期に河川水の広がり具合や河川流量の影響を受けること、海での分布を決定する要因の１つに河川流量が考えられることなどを80ページで紹介した。さらに、遡上期には上る川を選んでいる可能性があり、遡上期の河口閉塞もしばしば問題となる（写真）。

私が四万十川で出会った川漁師の方々は、昔に比べて川がやせたと言われる。川本来の水量を回復することが、海でのアユの生活においても重要な意味を持っていることを強調したい。

10 天然アユは流域の共有財産

畑から穫ったばかりのレタスやキュウリを毎日ウサギのように食べている。害虫を手で駆除したり、伸びすぎた雑草を抜いたりと、それなりに手はかかるが、自家製の野菜を食べるということには少し「ぜいたく感」がある。

10年ほど前のCMで「生きる基本（水や空気）にクオリティー」というのがあった（某自動車会社のCM）。大気汚染の一大原因となっている自動車の側からこれが発信されたことに最初は驚かされたが、生活の基本にあるのが「きれいな水と空気」というメッセージは妙に新鮮だった。

自家製の野菜を食べることで味わう「ぜいたく感」は、安全・安心なものを食べることができるということでもある。命の源である食べ物に求める要素として、味や栄養だけでなく、「安心して食べることができる」ということがとても重要になってきている。

家の近くに川が流れていて（清冽な水であれば申し分ない）、そこに毎年たくさんの天然アユが上ってくる。これを釣って、あるいは近所からお裾分けしてもらったものをその晩に塩焼きにしていただく。できれば冷えたビールとともに。

こんな生活が地方都市でも当たり前にできたらいいと思うし、これからの時代、こういったことが本当にクオリティーの高い暮らしじゃないかとも思う。

野菜や米に「安全」という付加価値がつく時代のアユ

アユは日本の代表的な川魚である。その生態を知れば知るほど、日本の自然環境にみごとに適応していることがわかる。そんなアユが私たちの身近から姿を消しつつあるというのは、私たちの生活環境も悪くなっていることにほかならない。

私たちになじみの深いアユをとおして暮らしを見つめ直すことはできないだろうか。

天然のアユの生活史をとおして子どもたちが川のことや山のことを学ぶ。アユが懸命に遡上する姿や産卵する姿を実際に子どもたちに見てもらう。そんな環境学習も始めたい。天然のアユがたくさん上ってくる川の水を使って野菜や米を作る。そのことで野菜や米に「安全」という付加価値がつく。そんな時代もすぐそこに来ている。

流域の共有財産である天然アユが増えることで、釣り人や漁協だけでなく、みんなが少しずつ得をする。そんな仕組みが少し見えてきた気がする。

■天然アユが上る島根県の高津《たかつ》川

うまくいけばアユに対してこれまでまったく無関心であった人たちがアユを増やすことに関心と理解を持ってくれるかもしれない。その輪が広がれば、これまでの利便性や経済性のみで評価されがちであった水利用のあり方や川の環境がもう一歩見直される機会となる。

天然アユがたくさん上ってくる川の近くで住むこと、それは健全な自然環境の中で節度を持って暮らすことにほかならない。そして、そういった暮らしは「安全」な暮らしへの近道と言える。

こういうふうにして私たちの生活環境が少しずつ変わっていくことを願う。

市民参加型の魚道改良

島根県大田市を流れる静間川《しずま》は、堰に魚道がなかったり、あっても遡上できなかったりで、かつてはたくさんいたアユもその姿が見えなくなっている。

この問題の解決に取り組んでいる地元のNPO法人「緑と水の連絡会議（高橋泰子理事長）」が2016年に魚道の改良を行った。資金はクラウドファンディングで集め、改良工事の参加者はボランティアであった。過去に例のない取り組みだけにメディアも取り上げ、ちょっとした話題となった。

本来ならば魚道は堰の管理者が責任を持って維持管理しなければならないのだが、経済的な問題などでなかなか前に進まない。市民参加で魚道を直すことで、川の問題が広く認識されれば、関係者も無関心ではいられなくなる。なにより、参加者の多くが「楽しい！」と言っていたことが印象的であった。

■改良を終えた魚道で記念撮影

おわりに

アユという資源を維持するために膨大な社会的投資が行われている。

それは何も放流に要する経費ということではなくて、研究や内水面漁業の振興に関わっている行政の経費等、様々な範囲に及ぶ。

しかし、そういった投資から得られたせっかくの情報は、川の「現場」――実際にアユと向き合っている漁協の人々や遊漁者――にはほとんど伝わっていないのが実情である。それは「現場」の勉強不足ということもあるかもしれないが、現場に情報を届けようとする努力が不足していたことも否定はできないと思っている。

本書では「現場」の人に理解していただくことを念頭に、できるだけ平易な文章を書いたつもりである。まだ不十分な内容はたくさん含まれているとは思うが、そのことは私たち2人の著者がこれからも考え続けることでお許し願いたい。

1999年の冬に田中蕃さん（豊田市矢作川研究所顧問・故人）から一般向けにアユの本を書かないかと勧めていただいた。そのうえに築地書館の土井二郎さんをご紹介いただいた。お2人に「書きます」と意思表示はしたものの、何もしないまま5年が過ぎてしまった。２００4年に高知新聞の島崎章さんと永吉重彦さんからアユの話を書かないかというお誘いを受け、30回の稚拙な文章を連載させていただいた。それに引き続いて矢作新報社の新見幾男さんからも7回の連載の話をいただいた。それらの連載が終わって、おそるおそる築地書館の土井さんに電話をしてみると、意外にも憶えていてくださって、『ここまでわかったアユの本』出版に向けてやっと具体的に動き始めることができた。

自分の性格を考えると、新聞への連載という「目の前のニンジン」がなければ本書を書き終えることもなかったような気がするし、土井さんからお話をいただいた当時ではいくら催促されてもやはり書き上げることは難しかったと思う。皆さんのご厚意と寛大なお心、そしてご支援に心からお礼申し上げる。

本書のベースともなっているアユの生態研究は、高知大学の木下泉さん、東京大学の塚本勝巳さん、西日本科学技術研究所の福留脩文所長（故人）、藤田真二さん、平賀洋之さんほか多くの方々にご指導とご協力をいただいた。厚くお礼申し上げる。『ここまでわかったアユの本』の出版にあたっては稲葉将樹さん（当時築地書館）に大変お世話になった。心から謝意を表したい。また、本書の執筆にあたっては、築地書館の北村緑さんに多くの有益なご助言をいただいた。心からお礼申し上げる。

アユへの理解が深まり、アユが日本の川に増えることにいくらかでも本書が寄与できれば、こんな嬉しいことはないと思う。

高橋勇夫

＊＊＊

アユという魚は、いろいろな意味で我々にとって有用な魚であり、日本人にとってもっとも馴染み深い魚の一つである。

ところが、昨今のアユの現状は、これまでの長いアユとの付き合いを根本から見直さなければならない時期にきていることを警鐘している。そして、アユ資源の復活は「天然アユをいかに保全するか——自然のアユの姿を取り戻すこと——」を抜きにしてはあり得ない。この本にはそういう思いが詰まっていると考えている。

私が土佐の海で初めてアユの子と出合ったのは入社して間もない頃だった。それから早30年が過ぎた。この間、研究の当初からご指導いただいた高知大学の木下泉さんをはじめ、東北大学の谷口順彦さん、西日本科学技術研究所の故・福留脩文所長、藤田真二さん、平賀洋之さんなど多くの方々のご指導、ご協力を頂いた。心から厚くお礼申し上げる。

また、本書で紹介したいくつかの現場において、各地の関係機関、漁業関係者の方々から様々なご協力とご支援をいただいた。一人ずつお名前を挙げることはできないが、ご協力いただいたすべての方々に深くお礼申し上げたい。

この本を書かせていただくことになったのは、同じ研究仲間でもある高橋勇夫さんの熱意に動かされたことが大きかった。私が担当した部分はわずかだが、海でのアユの生態から「天然アユの保全」につながるヒントが見つかれば幸いである。

最後に、出版編集の労をとられた稲葉将樹さん（当時築地書館）にお礼申し上げたい。

東　健作

専門用語解説

[1] カワウ

ペリカン目ウ科の鳥。全長80㎝ほどで、全体に黒色。ユーラシア・アフリカ・北アメリカ東部に分布。日本でも留鳥として、湖や川、海で見られる。潜水して魚を捕食する。わが国では1970年代には絶滅の怖れもあったが、90年代に入って急激に個体数が増加し、生息範囲も広がった。河川でアユなどの食害が問題となっていて、駆除も行われている。

[2] 稚魚・仔魚・仔稚魚

ふ化直後から各ひれの条数（ひれにあるすじの数）が成魚と同じ数になるまでの発育段階にある魚を仔魚といい、この時期を仔魚期という。稚魚は形態においてその種の特徴をおおむね現すものの、各部の特徴は発現途中にある状態をいう。仔稚魚は仔魚期から稚魚期にかけての総称。

[3] 種苗性

種苗（養殖や放流用の稚魚）が持つ様々な特性。アユの場合は遡上性、なわばり行動、成群性、採捕率（回収率）等を指す。

[4] 漁獲圧

漁業が魚類などの資源に与える圧力（漁獲強度）。漁獲効率の良い漁法を使うほど漁獲圧は強くなる。

[5] 生活史

生物の生まれてから死ぬまでの様々な出来事をいう。

[6] 婚姻色

繁殖期に現われる体色。アユの場合は特にオスの体側面が黒くなる。

［7］せぎ漁

縄やロープを川の流れに直角に張ると、産卵のために下流へ下ろうとしていたアユは警戒してその前で群れる。それを「小鷹《こたか》」と呼ばれる投げ網で狙う漁。

［8］耳石

魚の内耳にある硬組織で、炭酸カルシウムの結晶からできている。耳石には1日に1本ずつ輪紋（日周輪）ができる。アユの場合、耳石輪紋を用いた日齢査定法が確立されている（コラム参照）。

［9］リュウキュウアユ

アユの新亜種として1988年に東京大学の西田睦さんによって記載された。奄美大島と沖縄島に生息していたが、沖縄島のものはすでに絶滅した。生息数の減少が懸念されている。

［10］シラス

カタクチイワシ・アユ・シラウオ・ウナギなどの子の総称。ちりめんじゃこ（イワシ類の稚魚）をシラスと呼ぶ場合もある。

［11］陸封

海、または陸水と海の両方で生活していた水生動物が地形の変化などによって陸水域に封じ込められ、世代交代を繰り返すようになる現象。アユでは琵琶湖アユが陸封された個体群として有名だが、各地のダム湖からも陸封個体群の存在が報告されている。

［12］かいあし類

動物プランクトンの1つのグループの総称で、種類、量とも非常に多い。仔稚魚の重要な餌となっている。

〔13〕**食性**

動物の食べ物の種類、捕食方法等の習性。

〔14〕**等脚類**

海、淡水、陸上種がおり、寄生種も多い。海産種は元来海底に生息するものが多いが、夜間に泳ぎだすものも多い。日本周辺では約３００種が知られている。体は扁平か円筒形で大きさは２㎝未満のものが多い。

〔15〕**腐食性**

生物の死体などを食べる習性。

〔16〕**河川流量**

川を流下する単位時間当たりの水量。単位は㎥／秒。

〔17〕**節**

網漁具の目合いのこと。網目をまっすぐに伸ばして15㎝（５寸）の間で数えられる節の数。

〔18〕**個体群**

ある空間内に生息する同種の個体の集まり。四万十川個体群、九州個体群というように任意の規模で規定することができる。

〔19〕**淘汰圧**

環境に適応した種や個体が子孫を残し、そのほかは滅びていく現象を淘汰と言い、淘汰圧はその作用を物理的な圧力に類比して表した用語。

〔20〕**生産力**

単位面積（容積）内での単位時間当たりの生物生産量。

〔21〕**感潮域**

河口近くの河川域で潮汐の干満によって水位が変化す

る場所。塩分の存在とは関係なく使われる。

【22】コアユ

産卵期まで琵琶湖内で生活し、10㎝程度で成熟するグループ。産卵のときには琵琶湖の流入河川に遡上することもある。

【23】多自然型川づくり

必要とされる治水上の安全性を確保しつつ、生物の良好な生息・生育環境をできるだけ改変しない、あるいは改変せざるを得ない場合においても最低限の改変に留めるとともに、良好な河川環境の保全あるいは復元を目指した河川工事。現在は「多自然川づくり」と呼ばれている。

【24】アーチ式ダム

上流側にアーチ状に張り出した重力式コンクリートダム。水圧を両岸で支える。

【25】アイソザイム

生物体内の酵素タンパクの遺伝子多型。電気泳動法によって、集団を特徴付ける遺伝情報を読み取ることができる。

【26】GPI

グルコースフォスフェートイソメラーゼ。生体の一酵素の略称。

【27】レッドデータブック

絶滅の危機にある野生生物の現状を記録した資料集。

第4章

相澤康・安藤隆・勝呂尚之・中田尚宏，1999．相模川におけ

　　altivelis の遡上生態について．水産増殖，47．

秋道智彌．1992．アユと日本人．丸善ライブラリー．

原田慈雄．2010．天然アユの資源変動メカニズム．古川彰・高橋勇夫（編），アユを育てる川仕事．築地書館，東京．

川那部浩哉・水野信彦．1982．豊川水系での魚類の生息状態，豊川水系における水資源開発と鳳来町．水問題協議会．

野中忠．2004．統計から見たアユの漁獲量と河川．広報ないすいめん，38．

岡村収・為家節弥．1977．四万十川水系の河川環境と水質，四万十川水系の生物と環境に関する総合調査，高知県．

田子泰彦．2001．庄川で友釣りとテンカラ網で漁獲されたアユのCPUEと大きさ．水産増殖，49．

高橋勇夫．2012．アユ―持続的資源の非持続的利用．新保輝幸・松本充郎（編），変容するコモンズ．ナカニシヤ出版，京都．

田辺陽一．2006．アユ百万匹がかえってきた　いま多摩川でおきている奇跡．小学館，東京．

谷口順彦．1989．海産アユ不漁の原因，土佐のアユ．高知県内漁連．

谷口順彦・池田実．2009．アユ学．築地書館，東京．

reproductive characters of the ayu *Plecoglossus altivelis* (Plecoglossidae) in the Japan-Ryukyu Archipelago. Japan. J. Ichtyol., 33.

布川誠・池田実・谷口順彦. 2000. アイソザイム分析による東日本におけるアユの集団構造. 水産育種, 29.

Otake, T., C. Yamada & K. Uchida. 2002. Contribution of stocked ayu (*Plecoglossus altivelis altivelis*) to reproduction in the Nagara River, Japan. Fisheries Sci., 68.

Pastene, L.A., K. Numachi & K. Tsukamoto. 1991. Examination of reproductive success of transplanted stocks in an amphidromous fish, *Plecoglossus altivelis* (Temminck et Schlegel) using mitochondrial DNA and isozyme markers. J. Fish. Biol., 39.

関伸吾・谷口順彦・村上幸二・米田実. 1984. 湖産アユと海産アユの成長・成熟および行動の比較. 淡水魚, 10.

関伸吾・谷口順彦. 1985. 西南日本におけるアユ地方集団間の遺伝的分化. 高知大海生研報, 7.

関伸吾・谷口順彦・田祥麟. 1988. 日本及び韓国の天然アユ集団間の遺伝的分化. 日水誌, 54.

関伸吾・浅井康弘・佐藤健人・谷口順彦. 1994. 継代飼育したアユ親魚由来の卵の水温感受性における地理的品種間の差異. 水産増殖, 42.

Seki, S., N. Taniguchi, N. Murakami, A. Takamachi & I. Takahashi. 1994. Seasonal changes in the mixing rate of restocked ayu-juveniles and assessment of native stock using an allozyme marker. Fisheries Sci., 60.

澁谷竜太郎・関伸吾・谷口順彦. 1995. 海系アユおよび琵琶湖系アユのなわばり行動の水温別比較. 水産増殖, 43.

白石芳一・武田達也. 1961. アユの成熟に及ぼす光周期の影響. 淡水研報, 11.

田畑和男・東幹夫. 1986. 海産, 湖産系および湖産アユ仔魚の海水飼育における生残特性. 兵庫水試研報, 24.

田子泰彦. 1999. 庄川における湖産アユの生残. 水産増殖, 47.

田子泰彦. 2002. 海産遡上アユの資源生態に関する調査(富山県), アユ種苗の放流の現状と課題. 全内漁連.

Takagi, M., E. Shoji & N. Taniguchi. 1999. Microsatellite DNA polymorphism to reveal genetic divergence in ayu, *Plecoglossus altivelis*. Fisheries Sci., 65.

谷口順彦・関伸吾. 1983. 湖産アユと海アユの遺伝的分化. 淡水魚, 9.

谷口順彦・関伸吾・稲田善和. 1983. 両側回遊型, 陸封型および人工採苗アユ集団の遺伝変異保有量と集団間の分化について. 日水誌, 49.

辻村明夫・谷口順彦. 1995. 生殖形質に見られた湖産および海産アユ間の遺伝的差異. 日水誌, 61.

内田和男, 2002. アユの種苗放流の現状と課題. 全内漁連, 東京.

全国内水面漁業協同組合連合会. 2004. 平成15年度アユ種苗河川放流実績. 広報ないすいめん, 35.

異常繁茂のシナリオ．河川技術論文集，8.
矢作川漁協100年史編集委員会．2003．環境漁協宣言―矢作川漁協100年史．風媒社，名古屋.

第3章

間野静雄・淀太我・石崎大介・吉岡基．2014．長良川におけるアユの由来別の成長特性．水産増殖，62（1）.
相澤康・中川研．2008．神奈川県早川におけるアユの生物生産と適正資源量の検討．神奈川県水産技術センター研究報告，3.
Azuma K., I. Kinoshita, S. Fujita & I. Takahashi. 1989. GPI isozymes and birth dates of larval ayu, *Plecoglossus altivelis* in the surf zone. Japan. J. Ichthyol., 35.
東幹夫．1980．コアユ―1代限りの侵略者？　川合禎次・川那部浩哉・水野信彦（編），日本の淡水生物・侵略と撹乱の生態学．東海大学出版会.
伏木省三・田沢茂・八木久則．1978．滋賀県におけるアユの産卵期ならびに成熟について．滋賀水試研報，30.
岐阜県水産試験場．1992．適正放流基準の検討とりまとめ．アユの放流研究.
Hasegawa, S., T. Hirano, N. Kuniya, Y. Abe & K. Suzuki. 1983. Seawater adaptability of anadromous and landlocked forms of the ayu *Plecoglossus altivelis*. Bull. Japan. Soc. Sci. Fish., 49.
井口恵一朗．1994．アユ―両側回遊から陸封へ．後藤晃・塚本勝巳・前川光司（編），川と海を回遊する淡水魚―生活史と進化―，東海大学出版会.
Iguchi, K. & M. Yamaguchi. 1994. Adaptive significance of inter and intrapopulatinal egg size variation in ayu *Plecoglossus altivelis*（Osmeridae）. Copeia, 1994.
Iguchi, K. & F. Ito. 1994. Occurrence of cross-mating in ayu: amphidromous × land-locked forms, and diploid × triploid. Fisheries. Sci., 60.
Iguchi, K., Y. Tanimura, H. Takeshima & M. Nishida. 1999. Genetic variation and geographic population structure of amphidromous ayu *Plecoglossus altivelis* as examined by mitochondrial DNA sequencing. Fisheries Sci., 65.
Kaewsangk, K., K. Hayashizaki, T. Asahida & H. Ida. 2000. An evaluation of the contribution of stocks in the supplementation of ayu *Plecoglossus altivelis* in the Tohoku area, using allozyme markers. Fisheries Sci., 66.
金田禎之．2003．新編漁業法のここが知りたい．成山堂書店，東京.
Kashiwagi, K., T. Iwai, H. Yamamoto & Y. Sokabe. 1986. Effects of temperature and salinity on egg hatch of the ayu *Plecoglossus altivelis*. Bull. Fac. Fish. Mie Univ., 13.
宮地伝三郎．1960．アユの話．岩波書店.
中村智幸．2015．「魚種・水域型」別の漁協の赤字率．ぜんない，37.
中村智幸．2015．アユと渓流魚の増殖事業の採算性．ぜんない，38.
Nishida, M. 1986. Geographic variation in the molecular, morphological and

谷口順彦．2002．アユの種苗放流と冷水病被害について―シンポジュウム「魚病研究の現状と展望」．魚病研究，34．

塚本勝巳．1988．アユの回遊メカニズムと行動特性．上野輝彌・沖山宗雄（編），現代の魚類学．朝倉書店．

塚本勝巳．1994．通し回遊魚の起源と回遊メカニズム．後藤晃・塚本勝巳・前川光司（編），川と海を回遊する淡水魚．東海大学出版会．

塚本勝巳．2001．アユの回遊．千田哲資・南卓志・木下泉（編），稚魚の自然史．北海道大学図書刊行会．

Tsukamoto, K. & T. Kajihara. 1984. On the relation between yolk absorption and swimming activity in the ayu larvae *Plecoglossus altivelis*. Bull. Japan. Soc. Sci. Fish., 50.

Tsukamoto, K. & T. Kajihara. 1987. Age determination of ayu with otolith. Nippon Suisan Gakkaishi, 53.

塚本勝巳・望月賢二・大竹二雄・山崎幸夫．1989．川口水域におけるアユ仔稚魚の分布・回遊・成長．水産土木，25．

内田肇・須田有輔・町井紀之．1998．土井ヶ浜海岸の砕波帯に出現する魚類．水大研報，46．

Uchida, K., K. Tsukamoto & T. Kajihara. 1990. Effects of environmental factors on jumping behavior of the juvenile ayu *Plecoglossus altivelis* with special reference to their upstream migration. Nippon Suisan Gakkaishi, 56.

第2章

石田力三．1961．アユの産卵生態-Ⅱ，産卵魚の体型と産卵床の砂礫の大きさ．日水誌，27．

古屋康則．2010．河口堰がアユの生活史に与える影響．長良川下流域生物相調査報告書2010．長良川下流域生物相調査団．

小山長雄．1979．魚ののぼらぬ魚道．淡水魚，５．

楠田理一．1963．海産稚アユの遡上生態-Ⅱ．大雲川における遡上群の季節変化．日水誌，29．

三浦孝司・鈴木啓祐・新見幾男・岩神篤彦・秋山雄司・古川彰．2010．天然アユ復活と河川利用（ダム、水利用）との調整．古川彰・高橋勇夫（編），アユを育てる川仕事．築地書館，東京．

洲澤多美枝・清野聡子・真山茂樹．2011．筑後川上流に大量出現した*Cymbella janischii*（A.W.F.Schmidt）De Toniと*Gomphoneis minuta*（Stone）Kociolek & Stoermer：外来種珪藻の可能性について．Diatom 27．

立原一憲．1994．アユの陸封化．池原貞雄・諸喜田茂充（編），琉球の清流―リュウキュウアユがすめる川を未来へ―．沖縄出版．

立原一憲・木村晴朗．1991．池田湖産陸封アユ仔・稚魚の成長に伴う分布と食性の変化．日水誌，57．

田代文男．1989．ダムの影響―濁水の影響を中心として．水産土木，25（2）．

辻本哲郎．1999．ダムが河川の物理的環境に与える影響．応用生態工学，2（2）．

辻本哲郎・北村忠紀・加藤万貴・田代喬．2002．低攪乱礫床での大型糸状藻類の田子泰彦．2002．富山湾産アユの生態，増殖および資源管理に関する研究．富山水試研究論文１．
田子泰彦．2006．アユ、そして川は森と海とのキューピッド–I．表層の汽水域で育つアユ仔魚．日本水産資源保護協会月報，493.
高橋勇夫．2005．四万十川河口域におけるアユの初期生活史に関する研究．高知大海洋研セ研報，23.
高橋勇夫．2005．四万十川のアユを支える河口域．海洋と生物，156.
高橋勇夫・木下泉・東健作・藤田真二・田中克．1990．四万十川河口内に出現するアユ仔魚．日水誌，56.
高橋勇夫・新見克也．1998．矢作川におけるアユの生活史–Ⅰ，産卵から流下までの生態．矢作川研究，２.
高橋勇夫・新見克也．1999．矢作川におけるアユの生活史–Ⅱ，遡上から産卵・流下までの生態．矢作川研究，３.
高橋勇夫・東健作・平賀洋之．2002．四万十川におけるアユの産卵場と産卵期．四万十・流域圏学会誌，２.
Takahashi, I., K. Azuma, S. Fujita & I. Kinoshita. 1998. Spatial distribution of larval ayu *Plecoglossus altivelis* in the Shimanto Estuary, Japan. Fisheries Sci., 64.
Takahashi, I., K. Azuma, H. Hiraga & S. Fujita. 1999. Different mortality in larval stage of ayu *Plecoglossus altivelis* in the Shimanto Estuary & adjacent coastal waters. Fisheries Sci., 65.
Takahashi, I., K. Azuma, S. Fujita, & H. Hiraga. 2000. Difference in larval and juvenile development among monthly cohorts of ayu, *Plecoglossus altivelis*, in the Shimanto River. Ichthyol. Res., 47.
Takahashi, I., K. Azuma, S. Fujita & I. Kinoshita. 2002. Habitat shift of ayu *Plecoglossus altivelis* altivelis in early stages from waters adjacent to the bank to the center flow in the Shimanto Estuary. Fisheries Sci., 68.
Takahashi, I., K. Azuma, S. Fujita, I. Kinoshita & H. Hiraga. 2003. Annual changes in the hatching period of the dominant cohort of larval and juvenile ayu *Plecoglossus altivelis* altivelis in the Shimanto Estuary and adjacent coastal waters during 1986–2001. Fisheries Sci., 69.
高橋芳明．2003．日高川のアユの仔魚期から稚魚期にかけての日齢組成．アユ資源研究部会報告書.
高橋芳明・田上伸治・木村勝治．2002．日高川におけるアユの流下仔魚調査．和歌山内水面事報，26.
高橋芳明・田上伸治・堀木暢人・木村勝治．2003．2001年の日高川におけるアユの流下仔魚について．和歌山内水面事報，27.
高松史朗．1967．伊勢湾における海産稚アユの生態Ⅰ．1964年10月–1965年５月の分布と組成．木曽三川河口資源調報，３.
辻野耕實・安部恒之・日下部敬之．1995．大阪湾南部砕波帯に出現する幼稚仔魚．大阪水試研報，９.
谷口順彦．1989．アユの一生，その生活史．土佐のアユ．高知県内水面漁連.

北島力・山根康幸・松井誠一・吉松隆夫. 1998. アユ仔魚の発育に伴う比重の変化. 日水誌, 64.
小山長雄. 1978. アユの生態. 中公新書, 中央公論社.
楠田理一. 1963. 海産稚アユの遡上生態-II, 大雲川における遡上群の季節的変化. 日水誌, 29.
丸山為蔵・石田力三. 1978. 池の水深がアユの成長ならびに体型におよぼす影響. 淡水研報, 28.
松原喜代松. 1965. サケ・マス類とその近縁種. 魚類学（下）. 恒星社厚生閣.
松井魁. 1986. 鮎. 法政大学出版局.
宮地伝三郎. 1960. アユの話. 岩波書店.
森慶一郎. 1995. 山口県油谷湾における魚類の生態学的研究. 中央水研報, 7.
南雲克彦・澤原和哉・北村秀之・森伊佐男・白尾豪宏. 2006. ダム排砂が黒部川のアユに与える影響. 環境工学研究論文集 43.
西田睦. 1979. アユの産卵. 淡水魚, 5.
Nishida, M. 1988. A new subspecies of the ayu, *Plecoglossus altivelis*, (Plecoglossidae) from the Ryukyu Islands. Japan. J. Ichthyol., 35.
西田睦・澤志泰正・西島信昇・東幹夫・藤本治彦. 1992. リュウキュウアユの分布と生息状況—1986年の調査結果—. 日水誌, 58.
奥山芳生・木村勝治・加藤邦彰. 2001. 日高川におけるアユ流下仔魚調査. 和歌山内水面事報, 25.
大方昭弘・石川弘毅. 1979. 浅海域における稚幼魚の生態I, 生息環境と分布. 海洋と生物, 1.
大竹二雄. 2006. 海域におけるアユ仔稚魚の生態特性の解明. 水産総合研究センター研究報告別冊, 5.
千田哲資. 1967. 河口堰沖合海域における稚アユの生態. 木曽三川河口資源調報, 3.
Senta, T. & I. Kinoshita. 1985. Larval and juvenile fishes occurring in surf zones of western Japan. Trans. Am. Fish. Soc., 114.
関伸吾・谷口順彦・田祥麟. 1988. 日本及び韓国の天然アユ集団間の遺伝的分化. 日水誌, 54.
鈴木順. 1942. シラス鮎及び溯上稚鮎の食餌. 水産研究誌, 37.
鈴木邦弘. 2002. 海産遡上アユの資源生態に関する調査（静岡県）. アユ種苗の放流の現状と課題. 全国内漁連.
立原一憲・木村清朗. 1988. 池田湖のなわばりアユと群れアユにみられる背鰭形態および体色の違い. 日水誌, 54.
立原一憲. 2002. 沖縄のダム湖における陸封個体群の生活史. 2001年度日本魚類学会シンポジウム, アユの生物学と保全.
田子泰彦. 1999. 庄川におけるアユ仔魚の降下生態. 水産増殖, 47.
田子泰彦. 2002. 富山湾の河口域およびその隣接海域表層におけるアユ仔魚の出現・分布. 日水誌, 68.
田子泰彦. 2002. 富山湾の砂浜域砕波帯周辺におけるアユ仔魚の出現, 体長分布と生息場所の変化. 日水誌, 68.

兵藤則行・小山茂生. 1986. 海産稚仔アユに関する研究-Ⅲ, 遡上稚アユの日齢とそのふ化日について. 新潟内水試調研報, 13.
井口恵一郎. 1996. アユの生活史戦略と繁殖. 桑村哲生・中嶋康裕（編）, 魚類の繁殖戦略1. 海游舎.
井口恵一朗. 2003. 両側回遊における柔軟性. アユ資源研究部会報告書.
Iguchi, K., Y. Tanimura, H. Takeshima & M.Nishida. 1999. Genetic variation and geographic population structure of amphidromous Ayu *Plecoglossus altivelis* as mitochondrial DNA sequencing. Fisheries Sci., 65.
石田力三. 1964. アユの産卵生態-Ⅳ, 産卵水域と産卵場の地形. 日水誌, 30.
石田力三・大島泰雄. 1959. アユ卵の附着力について. 日水誌, 25.
石田力三. 1988. アユその生態と釣り, アユのすべてがわかる本. つり人社.
伊藤隆・鈴木良治. 1965. アユ種苗の人工生産に関する研究-XII, 飼育池におけるアユ仔魚の分布と摂餌活動の日週変化. 木曽三川河口資源調報, 2.
伊藤隆・岩井寿夫・古市達也. 1968. アユ種苗の人工生産に関する研究-LXI, アユの人工孵化仔魚の生残に対する水温の影響. 木曽三川河口資源調報, 5.
伊藤隆・富田達也・岩井寿夫. 1971. アユ種苗の人工生産に関する研究-LXXIV, 人工ふ化仔魚の絶食生残に対する塩分濃度および水温の影響. アユの人工養殖研究1.
伊藤隆・富田達也・岩井寿夫. 1971. アユ種苗の人工生産に関する研究-LXXV, 人工ふ化仔魚の初期生残および成長に対する飼育水の塩分および水温の影響. アユの人工養殖研究, 1.
岩井保. 2002. 旬の魚はなぜうまい. 岩波書店.
加納光樹・小池哲・河野博. 2000. 東京湾内湾の干潟域の魚類相とその多様性. 魚雑, 47.
片野修. 1998. ナマズはどこで卵を産むのか, 川魚たちの自然誌. 創樹社.
川那部浩哉. 1957. アユの社会構造と生産, 生息密度と関連づけて. 日生態誌, 7.
Kimura, S., M. Okada, T. Yamashita, I. Taniyama, T. Yodo, M. Hirose, T. Sado & F. Kimura. 1999. Eggs, larvae and juveniles of the fishes occurring in the Nagara River estuary, central Japan. Bull. Fac. Bio. Mie Univ., 23.
木村関男. 1953. アユ卵の自然及び実験室内での孵化と光線の関係について. 水産増殖, 1.
木下泉. 1984. 土佐湾の砕波帯における仔稚魚の出現. 海洋と生物, 6.
木下泉. 1993. 砂浜海岸砕波帯に出現するヘダイ亜科仔稚魚の生態学的研究. 高知大海洋研セ研報, 13.
木下泉. 1998. 砂浜海岸の成育場としての意義. 千田哲資・木下泉（編）, 砂浜海岸における仔稚魚の生物学. 恒星社厚生閣.
岸野底. 2004. 奄美大島におけるリュウキュウアユの初期生活史に関する研究. 博士論文, 鹿児島大学.
岸野底・四宮明彦. 2003. 奄美大島の役勝川におけるリュウキュウアユの遡上生態. 日水誌, 69.

参考文献

第1章

相澤康・安藤隆・勝呂尚之・中田尚弘．1999．相模川におけるアユ，*Plecoglossus altivelis* の遡上生態について．水産増殖，47.

赤崎正人・木本匡彦．1990．宮崎県の砂浜砕波帯に出現する仔稚魚の周年変動．宮崎大農研報，36.

東健作．2003．和歌山県沿岸におけるアユ仔稚魚の分布と年変動．和歌山の海産アユの増殖に関する遺伝･生態学的研究.

東健作．2005．アユの海洋生活期における分布生態．高知大海洋研セ研報，23.

東健作・平賀洋之・堀木信男・谷口順彦．2002．和歌山県中部の砕波帯におけるアユ仔魚の分布．水産増殖，50.

Azuma K., I. Takahashi, S. Fujita & I. Kinoshita. 2003. Recruitment and movement of larval ayu occurring in the surf zone of a sandy beach facing Tosa Bay. Fisheries Sci., 69.

東健作・平賀洋之・木下泉．2003．降下仔アユの海域への分散に及ぼす降水量の影響．日水誌，69.

東健作・堀木信男・谷口順彦．2003．和歌山県中部の沿岸域におけるアユ資源の年変動．水産増殖，51.

東幹夫．1964．びわ湖におけるアユの生活史─発育段階的研究の試み─．生理生態，12.

東幹夫．1970．びわ湖における陸封型アユの変異性に関する研究Ⅰ，発育初期の分布様式と体型変異について．日生態誌，20.

アユ冷水病対策協議会．2004．アユ冷水病防疫に関する指針.

藤田真二．2005．四万十川河口域におけるスズキ属，ヘダイ亜科仔稚魚の生態学的研究．高知大海洋研セ研報，23.

深見公雄・水成隆之・久保田浩・西島敏隆．1994．高知県下の二河川における水質および付着藻類の季節変動．水産増殖，42.

浜田理香・木下泉．1988．土佐湾砕波帯に出現するアユ仔稚魚の食性．魚雑，35.

林幹人・谷口順彦・山岡耕作．1988．土佐湾シラスパッチ網で獲れる仔稚魚の量的組成について．高知大海洋研セ研報，10.

平本紀久雄．1973．九十九里沿岸域のシラウオ分布調査．千葉水試調報，32.

平野克己．1995．放流効果．アユ資源管理指針策定事業調査報告書．宮崎県・延岡市・宮崎大学.

堀木信男．1991．和歌山県における海産稚アユ採捕量の年変動，特に近年における採捕量の激減について．日水誌，57.

浅海域　74, 85, 86
増殖義務　186, 208
藻類　4, 29, 63
遡上　102, 108, 117, 120, 122, 126, 132, 177
遡上量　87, 96

【た行】
多自然型川づくり　168
種崎海岸　190
手結海岸　67, 72
天然アユ　96, 198, 208, 258
天然遡上　180, 235, 241
天竜川　101, 187
天竜川漁協　217
淘汰圧　106
透明度　143, 148
利根川　37
友釣り　4
土用隠れ　22, 24

【な行】
那珂川　38, 180
長良川　37
奈半利川　112, 239
波打ち際　51, 58, 67, 68, 73, 77, 88, 254
なわばり　4, 5, 6, 10
なわばりアユ　7, 11
日齢　68
日周輪　61

【は行】
肱川　180
日高川　80, 87, 101
日野川　188
日ノ御子川　144
琵琶湖産アユ　27, 95
ふ化期間　76, 104, 106
ふ化時期　82
ふ化日　72, 81, 84, 94, 97, 133
伏流水　148, 149
歩留まり　199
ブラックバス　27
分散　57, 71, 80, 81, 83, 103
変態　118, 121
ボウズハゼ　10
放流種苗　186, 188
捕食者　64, 71, 93, 176
母川　102, 109
母川回帰　111

【ま行】
ミミズハゼ　66
無効分散　103
群れアユ　12, 13, 116, 128
物部川　13, 25, 29, 108, 112, 167, 168
物部川漁協　246

【や行】
夜須川　108
安田川　6, 7, 9, 112, 124, 134
矢作川　37, 101, 123, 133, 163
矢作川漁協　156
椿原川　133
吉野川　38, 103

【ら行】
卵黄　46, 56, 163
陸封　64
流下　47, 58, 80, 93, 165
流下仔アユ　54, 88, 89
リュウキュウアユ　52, 77, 103, 124
冷水病　25, 187, 198, 226
冷水病ワクチン　27

索引

【あ行】
アイソザイム　190
赤石川　21, 194, 233
伊尾木川　22, 26
生き残り　37, 48, 77, 88, 105, 129, 130
一番仔　104, 192
浮き石　238
太田川　103
落ち　34
落ち鮎　34, 40
落ち鮎漁　36, 40, 42
おとりアユ　4

【か行】
回帰率　113
海産アユ　94, 96, 190
海水温　93, 100, 106, 123, 124
海部川　149
回遊　83, 92, 93, 94, 103, 255
鏡川　216
河口域　52, 65, 80, 95, 97, 101, 103
河川流量　79, 82
カワウ　16
感潮域　129
利き鮎会　167, 218
汽水域　51, 52
漁獲圧　17
漁業権　186, 208
魚道　158
球磨川　180
熊野川　41, 101, 103, 171
黒尊川　148
減耗　89, 96, 101
降下行動　34, 35
コケ　4, 29, 30, 63
湖産アユ　94, 189, 190, 192
個体群　103
婚姻色　40

【さ行】
再生産　174, 188, 223, 245
砕波帯　51
相模川　103, 180
産卵場　36, 37, 38, 42, 172
産卵場造成　236, 238, 246
耳石　51, 61, 67, 97, 191
信濃川　101
四万十川　24, 36, 38, 42, 44, 46, 52, 53, 65, 95, 97, 101, 118, 148, 201, 222
下ノ加江海岸　58, 70, 73, 78, 85
下ノ加江川　78, 103
種苗性　17, 61, 128, 188
種苗放流　186, 197, 201, 202, 235
シラス　59, 65, 84, 118
シラス漁　84, 85, 86, 256
親魚放流　206
人工アユ　116, 206
人工種苗　61, 188
ストレス　26, 28
生活史　34, 96, 131, 179, 259
生産力　128, 130, 222
生残率　101
成熟　34, 172
生殖腺指数　172
生息基準密度　193
生息密度　14, 193, 202, 222
生存率　104
接岸　54, 62, 63, 176

著者略歴

高橋　勇夫（たかはし　いさお）

1957年高知県生まれ。

長崎大学水産学部海洋生産系卒業。農学博士。

1981年から㈱西日本科学技術研究所で水生生物の調査とアユの生態研究に従事。2003年同社を退社し、「たかはし河川生物調査事務所」を設立。同時に天然アユの資源保全活動を開始。

ノルマは年間100日の潜水観察。趣味は釣りと野菜づくりとマラソン。

主な著作『ここまでわかったアユの本』（共著、2006年）、『天然アユが育つ川』（2009年）、『アユを育てる川仕事』（共編著、以上築地書館、2010年）、『変容するコモンズ』（共著、ナカニシヤ出版、2012年）。

ホームページ：http://hito-ayu.net/index.html

東　健作（あずま　けんさく）

（執筆担当：第1章冬1、2－②、5〜8、春5、第2章8、第3章2、第4章9）


1959年大阪府生まれ。

高知大学農学部栽培漁業学科卒業。農学博士。

1984年から㈱西日本科学技術研究所で河川・ダム・海での生物調査やアユの初期生活史研究などに従事。1992年旧中村市（現四万十市）の同社四万十研究室に転属し、四万十川や足摺周辺海域などで大学等との共同調査にも携わっている。趣味はアユ釣り、読書など。

天然アユの本

2016年4月5日　初版発行

著者　高橋勇夫＋東　健作
発行者　土井二郎
発行所　築地書館株式会社
〒104-0045　東京都中央区築地 7-4-4-201
☎03-3542-3731　FAX03-3541-5799
http://www.tsukiji-shokan.co.jp/
振替 00110-5-19057
印刷
製本　シナノ出版印刷株式会社
装丁　今東淳雄（maro design）

ISBN 978-4-8067-1510-8 C0045